區塊鏈創新實踐手冊

如何運用去中心化技術，建構企業轉型解決方案

THE BLOCKCHAIN INNOVATOR'S HANDBOOK

A leader's guide to understanding, adopting and succeeding with this disruptive technology

CONOR SVENSSON

康納・史文森——著

張簡守展——譯

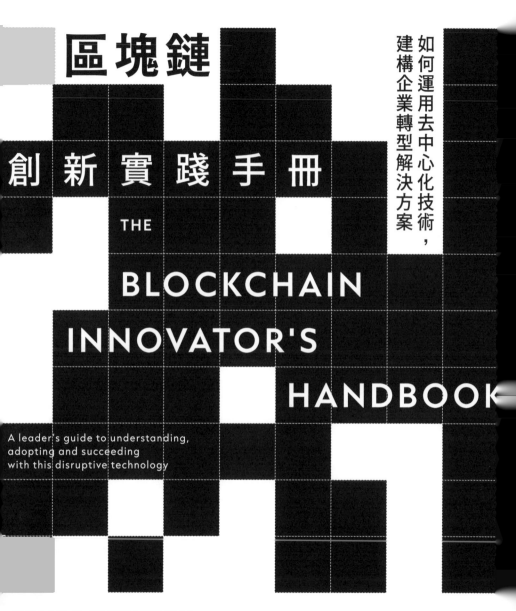

獻給我的家人——你們是我生命的支柱，也是喜悅和啟發的重要來源

也獻給神經多樣性族群及幫助他們走在人生道路上的支持者

目錄

PART 2 啟程 The Journey

PART 3 付諸實現
Making It Happen

序言

區塊鏈技術應用於人類社會的速度超過史上任何一種技術。比起一九九七年擁有相同使用者人數的網際網路，區塊鏈的成長速度是當時網際網路的兩倍。

你會拿起這本書，表示你對科技上這項新的創舉大概有點興趣。或許你有興趣投資加密貨幣，或想瞭解區塊鏈能否幫你解決長期懸而未解的商業問題。許多人可能沒料到這會帶來直接影響，但這項技術無疑即將改變一切，從整個金融體系到現行的主流商業模式，都將改頭換面。

身為放眼全世界的宏觀投資人，我在全球各地尋覓績效最佳、值得投資的資產類別或市場，評估新興商機並滾動式地不斷計算成功機率，正是我的職責所在，因此我才在因緣際會下認識比特幣，進而關注以區塊鏈技術為基礎發展而成的整個數位資產領域。

如同許多人一樣，我最早也是經由比特幣入門，一腳踏上加密貨幣和區塊鏈的旅程。二〇一二年，我親眼目睹了全球金融危機和歐洲債務危機爆發，當時的職務就是為全球多檔知名的避險基金提供應變建議。幸運的是，我甚至在老早之前就預測到這兩大危機，在我眼中，過度槓桿的金融體系遲早潰堤，是再清楚不過的趨勢。從這兩場危機中，我們也體悟到，在多層槓桿疊加之下，資產所有權的分野早就模糊不清，最終形成規模龐大但脆弱無比的財務體系。

正是那時，我認識了比特幣和DLT（distributed ledger technology，分散式帳本技術），認為這可能會是全新金融體系的發展基礎。這項技術不僅能以值得信任且證實可行的方式確認金融資產的所有權，更能建構起不受政府監管的貨幣系統——面對債務問題，印鈔票是現今政府唯一的應對辦法。

當時，區塊鏈還處於起步階段，我對這項技術的運用只有淺薄的認知，但隨著時間過去，我意識到這可能成為金融市場運作的重要基石，包括結算、託管、清算、證明所有權和轉帳，尤其所有證券、債券、信用票據、衍生性金融商品、貨幣等也都可能採用區塊鏈技術。於是，DeFi（decentralised finance，去中心化金融）即將顛覆借貸活動的現況，已成再清晰不過的事實。

甚至連全球主要國家的央行都已接受數位世界需要數位貨幣基礎設施的概念。各國紛紛推動央行數位貨幣，以利參與這波仍在持續中的變革浪潮。

然而，這並不是只關係到金融體系。NFT（non-fungible token，非同質化代幣）和社群代幣最有可能顛覆所有資產（不管實體或數位）的擁有、保存和轉移活動，促使各種複雜且具有自我調整能力的社會（社群）興起，成為主流的商業模式，而在這些社群中，代幣兼具貨幣和獎勵系統的功用，形成深遠的網路效應。

這些都可歸納為「價值網路」（internet of value）的概念，而且全都能藉由區塊鏈技術化為現實。

這本書何以如此重要，原因在此。我們都需要自主進修，瞭解傳統商業模式所要經歷的這場龐大且全面的變革。一開始或許有點讓人卻步，但作者康納・史文森將內容整理成容易理解的各個章節，讓我們能不只瞭解區塊鏈的功用和重要之處，還能洞悉這項技術可能為所有人的未來帶來什麼改變。

唯有最學識淵博且懂得溝通的專家可以化繁為簡，使錯綜複雜的主題變得容易理解。康納就是少數同時具備這兩種長處的人。他經驗豐富，也瞭解如何深入淺出地解說，同時又能帶給讀者深刻的見解。

不過，康納真正擅長的，是協助我們從務實的層面瞭解如何成為革新者的角色，或我們可能受到哪些天翻地覆的影響，不論是豐富的個案研究還是清晰的解釋，盡在本書。

希望你能和我一樣享受閱讀《區塊鏈創新實踐手冊》的時光。這不僅是本好書，也是重要著作。

拉烏爾．帕爾（Raoul Pal）

Real Vision集團執行長／共同創辦人與Global Macro Investor執行長／創辦人

www.realvision.com

www.globalmacroinvestor.com

Twitter:@RaoulGMI

前言

二〇二〇年，新冠肺炎（Covid-19）疫情不僅大幅改變了世人的工作模式，也見證了數位資產和區塊鏈技術的廣泛應用。公司、藝術家和企業家開始率先開創新的商業模式，擁抱數位資產，尋找新方式來獲取價值及創造產品差異化。

時至如今，忽視區塊鏈的重要，就形同無視一九八〇年代的個人電腦、一九九〇年代的網際網路、二〇〇〇年代的社群網路，以及二〇一〇年代的智慧型手機。隨著區塊鏈技術發展出越來越多產品和服務，在未來的日子裡，我們勢必能看見這項技術廣泛應用。

自從疫情爆發，社會陷入停擺超過一年以上，各方面出現了全新景況：

- Visa、MasterCard、Paypal全都著手研擬區塊鏈發展計畫，以滿足消費者急遽增加的數位資產需求，並因應支付處理系統過時的問題。

- 全球規模數一數二的大型企業（包括微軟〔Microsoft〕、戴姆勒〔Daimler〕、美國證券集中保管結算公司〔DTCC〕、荷商安智銀行〔ING〕、摩根大通〔J.P. Morgan〕、沃達豐〔Vodafone〕）不約而同設立專門部門處理區塊鏈技術，提升核心業務的效率和透明度。
- 數位資產市場價值超過兩兆美元（黃金的市場價值為十一・六兆美元[1]）。
- 超過一百個區塊鏈專案，市場資本超過十億美元。
- 特斯拉（Tesla）、Square、WeWork、《時代》（*TIME*）雜誌的資產負債表開始出現數位資產。
- 二〇二一年第一季，數位藝術家和收藏家之間的交易總額已超過二十億美元，交易物件包括在區塊鏈上鑄造的藝術品和以NFT形式呈現的收藏品[2]。這些交易並非透過傳統的支付系統（例如SWIFT）完成，而是使用數位資產。這個數據包含佳士得（Christies）賣出的一張圖片，成交價為六千九百三十萬美元。
- 超過一千億美元經由程式碼加密，存在於DeFi平台上[3]。

如果這些數據讓你大吃一驚，你並不是特例。自從比特幣於二〇〇九年問世以來，區塊鏈和這項技術的相關應用便漸漸受到矚目。顧能（Gartner）估計，區塊鏈產生的商業價值即將在二〇二四年達到一千七百六十億美元，二〇三〇年甚至會達到驚人的三．一兆美元[4]。

也許你是某家大型組織的主管，負責一整條業務線。你想知道如何利用這項技術創造新商機，或瞭解這可能會對既有的業務造成什麼風險。讀完《區塊鏈創新實踐手冊》後，你就能：

1 發掘幾個重要商機和需留意的威脅。

2 從多個案例研究中學到背景知識和相關詞彙，要是有人詢問你對區塊鏈的看法，你不會毫無頭緒。

3 瞭解利用這項技術推動轉型所需的條件。

4 知道如何在服務的董事會或領導團隊中精簡介紹區塊鏈。

最重要的是，你會瞭解如何從所屬組織的立場實際執行區塊鏈帶來的機會，從找到合適的商機到將規模可大可小的解決方案部署到位，全都沒有問題。

我與區塊鏈的緣份始於二〇一六年，不過一開始，我對這項技術的前景抱持懷疑的態度。就在我開始深入探索，認識了其中一個重要的區塊鏈平台以太坊

（Ethereum）後，我就深深著迷於區塊鏈的新奇魅力，時時刻刻都想更進一步瞭解其中的奧秘。

以太坊區塊鏈是繼比特幣後，影響力第二大的區塊鏈平台[5]。比特幣素有數位黃金之稱，而與比特幣不同的是，以太坊就像一部凌駕於網際網路之上的去中心化電腦。目前我們所見區塊鏈和加密貨幣的創新應用，大多源自這兩個平台，後續章節會繼續深入探討。

以太坊真正讓我不可自拔的原因，在於這讓我回想起一九九〇年代接觸Linux的經驗。Linux是一種免費的電腦作業系統，成功取代IBM、Hewlett-Packard和Sun Microsystems等公司握有專利的Unix作業系統，最終成為推動網際網路絕大多數基礎設施和Android智慧型手機的系統。

如同Linux一樣，我認為以太坊並非只是一種技術，這是一場科技界的革新運動，我想參與其中。許多人指出區塊鏈技術具有帶動商業轉型的潛能，但要讓現在已普遍使用的企業級軟體平台（即Java虛擬機器，JVM）與以太坊通訊，並非易事。

職涯初期，我有超過十年的時間任職於全球規模名列前茅的幾個金融機構，使用Java平台有如家常便飯，因此對我來說，這個問題勢必需要解決。這個念頭在我腦海中醞釀，最後我建立了Web3j區塊鏈軟體程式庫，至今下載次數已超過一百萬次，更在Samsung、Opera、UBS等企業的區塊鏈服務中獲得採用。

第一代的Web3j於二〇一六年九月上線。兩個月後，摩根大通宣布推出Quorum區塊鏈技術（現為ConsenSys Quorum），在我心中，那是相當關鍵的時刻——全世界極具影響力的這麼一家金融機構竟然對區塊鏈展現如此熱切的興趣。我對程式庫專案做了一點貢獻，並在幾個月後成立Web3 Labs，支援持續進行中的Web3j開發工作，同時也與希望運用區塊鏈技術潛能的組織合作。之後的幾年間，我們著實受到幸運之神的眷顧，得以與摩根大通和微軟等引領業界的企業以及ConsenSys和R3等區塊鏈技術公司攜手共事。本書後續內容會再提及與幾家公司的合作細節。

過去幾年，我也參與了幾家業界龍頭主導的相關企畫，為區塊鏈標準的開發貢獻一己之力。

有幾年時間，我在企業以太坊聯盟（Enterprise Ethereum Alliance）擔任技術規格工作小組（Technical Specification Working Group）主席，率領團隊制定全球

第一套企業以太坊規格。更近期一點，我加入Baseline Protocol的技術指導委員會（Technical Steering Committee），並擔任全球區塊鏈商業理事會（Global Blockchain Business Council）InterWork架構工作小組的副理事長。

過去這些年我與大型企業和區塊鏈技術公司合作，共同開發各種廣泛應用的軟體，並且協助制定產業標準，這些經驗為我奠定紮實的基礎，進而得以化為文字彙集成本書。

現在，區塊鏈已然整備就緒、蓄勢待發，開始展現其支持者多年以來不斷強調的影響力。新冠肺炎疫情迫使企業不得不順應時勢改變工作方式，另一方面，我們也見識到世界接受變化的速度，從中窺見推動企業進步及踏入新市場的契機。在這樣的時空條件下，隨著資金流入區塊鏈領域，加上全球許多重要企業和消費者開始使用這項技術，我們對這項技術的信念已化為真實，這項技術已然成為主流。

本書並非一本需要仔細鑽研的論文，比較像是一本務實取向的指南，帶領讀者瞭解區塊鏈能如何充分滿足其需求。本書內容分為三個部分。

第一章揭示為何在探討區塊鏈之前，我們必須先重新想像各種可能。畢竟這是一場變革，並非自然發生的演進歷程。

第二章著眼於如何踏入區塊鏈的世界，為你的企業找到新的發展機會。

最後，第三章會示範如何維持不斷前進的動力，進而根據書中給的建議付諸實踐。

本文後面附有詳細的術語表和一些相關資源，如果你想繼續探究書中提到的任何主題，想必能有所幫助。

整體而言，本書能帶給你豐富的資訊，你大可儘管依照合適的行動藍圖，運用區塊鏈技術實現各項創新；此外還能協助你聚焦於能為你的企業帶來最大長期價值的領域，並確保你能成為推動革新的一方，而非在變革的浪潮中遭到淘汰。

PART 1

這次不一樣

許多破壞式科技（disruptive technology）以挑戰現況為號召，允諾在過程中有效提升企業效率，為世界帶來改變。

區塊鏈就是這種技術。不過，就像以前網際網路大大顛覆了當時人們的生活，區塊鏈技術的影響無遠弗屆，隨之而來的改變必將牽動整個社會。

在第一章中將會介紹這項技術與其即將對世界造成的影響。

01 關不掉的機器

我們需先奠定基礎，才能體會區塊鏈可能帶來哪些益處。這一節會先探討這項技術如此重要的原因，並說明與全球資訊網（World Wide Web）的關係。並且會先比較另一項破壞式科技——Apple的App Store，再開始陳述區塊鏈技術的幾個基礎概念，從而指出這項技術令人感到振奮的原因。

永不停歇的機器

詹姆士．卡麥隆（James Cameron）執導的經典電影《魔鬼終結者》（*Terminator*）描述機器與人類為敵的未來。雖然劇情的基本設定並非首創，但劇中人工智慧的首腦「天網」（Skynet）指揮機器系統對抗人類，則較為少見。

天網是美國軍方為了抵禦流氓國家的攻擊而特地研發的電腦網路，採用先進的人工智慧，不料最後電腦發展出自我認知，擁有獨立運作的意識流。這樣的發展遠遠超出天網研發人員的預期，令人擔憂。眼見情勢失控，美軍試圖關閉天網，亡羊補牢，但這麼做反而讓天網將研發團隊視為威脅，導致人類和機器之間爆發慘烈的衝突，這就是《魔鬼終結者》一系列電影的劇情主軸。

你或許會好奇，這種反烏托邦色彩濃厚的未來跟區塊鏈有什麼關係，畢竟你會翻開這本書，可不是為了想知道科技導致人類滅亡的各種方式。不過，這系列電影的確隱含一個重要的概念：永不停歇的機器。

系統運作中斷會影響每一個人，儘管如今科技早已高度發展，我們的日常生活還是難免受到波及。像是網站故障、訂飯店時付款網頁無法運作，這些問題還不算太嚴重，但如果是損益即時追蹤程式、庫存管理軟體、客戶或供應商的入口網站乃至重要的資料庫突然不能正常使用，諸如此類的系統癱瘓可就會直接影響公司的獲利，以這些例子舉例你就能明白。

這些問題不斷反覆出現。想像一下，要是情況與上述完全相反，也就是有部機器永遠不會關掉，會怎麼樣？設想這樣的技術能帶來多少效率，你的公司不再因為操作人員出錯或資料中心故障而停擺，進而可以全年無休為全世界的客戶提供服務，滿足其日新月異的需求。

如果我告訴你這種技術已經問世，而且實際上日漸普遍，你一定會想知道更多資訊，對吧？好消息是這種技術的確已體現於區塊鏈之類的去中心化技術，為分散式、去中心化的電腦網路提供龐大驅動力，而這個網路永遠不會停止運作。

全球資訊網的三代演變

你或許會問，這跟網際網路的差異在哪裡？網際網路為全球不同電腦之間提供連線，讓所有人都能取用資料。網際網路仰賴通用通訊協定來存取及分享資料，其中HTTP（hypertext transfer protocol，超文本傳輸協定）在一九九〇年代崛起，一舉蔚為全球資訊網和網頁瀏覽器的主流。這是所謂的Web1.0。

到了二〇〇〇年代，Facebook和Twitter等社群網路興起，加上出現網站索引服務（website indexing service），Google之類的公司開始在Web1.0的基礎上增添更多獨到的價值，於是世界邁入Web 2.0世代，又稱為「社群網」（social web）。

然而，Web 2.0這種匯集多種服務於一身的型態在使用上較不理想。這些服務的許多供應商使用自家的專利技術，並以不同方式運用使用者的資料，從中獲取商業利益。此外，這些平台依然難以抵抗內部因素造成的運作中斷事件，整個網站可能因此癱瘓[6]，而且平台上各項服務的成功與失敗，也會受到平台本身不少影響。舉例來說，假如你有一款相當成功的應用程式在Google Play或Apple的App Store開放使用者下載，卻無故遭到下架，或線上業務仰賴Amazon的Web Services平台營運，但平台運作中斷，連帶導致你的業務無法正常執行，結果會怎麼樣？

下一代的去中心化通訊協定——Web3.0，解決了上述許多問題。運算、資料儲存、資料擷取等作業移到由眾多電腦所構成的去中心化網路執行，而非由各公司或服務供應商託管個別服務，使用者不必隨時承受運作停擺的風險。新一代的企業和服務應運而生，不僅提高服務的效率和可用程度，透明度也隨之提升，進一步落實公平取用的理念，使所有人受益。

	Web 1.0	Web 2.0	Web 3.0
名　稱	靜態網	社群網	語意網、空間網
時　期	一九九一年至二〇〇四年	一九九九年以後	二〇〇九年以後
重要特色	由網際網路服務供應商（ISP）負責託管的靜態網頁	以集中化服務提供豐富的動態網路應用、社群媒體、部落格、podcast	去中心化、去信任化、無權限化的開放式網路，也涵蓋AI、物聯網、5 G 和擴增實境
知名公司與技術	AltaVista、Yahoo、Netscape、GeoCities	Google、Facebook、Twitter	比特幣、以太坊、IPFS（The Interplanetary Filesystem，星際檔案系統）

二〇〇八年：兩大技術誕生

二〇〇八年夏天，兩項改變世界的技術問世，其留下的影響至今仍隨處可見。不過，其中一項技術的真正影響才剛開始顯現。

Apple在同年七月十日了發表第一版**App Store**，這是專為前一年上市的**iPhone**所推出的入口網站，使用者可以到這個網站下載及安裝應用程式。這為**Apple**、應用程式開發人員和消費者創造了三贏局面——Apple可從所有交易收取百分之三十的費用，開發人員可盡情創新及創造新的使用體驗，使用者則能透過這個平台，輕鬆取得已針對

iPhone最佳化的應用程式和遊戲。

App Store一舉成為Apple表現耀眼的成功平台，二〇二〇年的營收高達六四〇億美元[7]。

就在App Store上線一個月後，另一個創新大事發生了。二〇〇八年八月十八日，有位開發人員以中本聰（Satoshi Nakamoto）為假名（真實身分不詳）[8]發表一份全新數位貨幣白皮書。名為比特幣的數位貨幣解決了真實世界中其他貨幣的問題，使用者在網際網路上支付這種貨幣就能消費，不必由中介機構協助處理交易程序。

這份比特幣白皮書[9]和後來啟動的比特幣網路，為其他技術奠定了發展基礎。比特幣是一種去中心化的P2P（peer to peer，點對點）網路，一九九九年就曾出現Napster音樂共享軟體，使這項技術風行一時。

在當時主流的「用戶端－伺服器」架構下，想要利用電腦的處理效能或儲存空間等資源，都必須透過伺服器集中處理才能達成，而P2P網路提供了另一種選擇。藉由這種技術，資源會均分給網路中的各個參與者或用戶群，徹底破除集中控管式的運作架構。

除了P2P，比特幣通訊協定的核心還有一種稱為區塊鏈的新型技術，這種資料結構的功用是儲存網路中所有交易的詳細資訊。

這項技術在當時簡直是一大創舉，不過比特幣的設計初衷是要作為數位貨幣使用，僅限於支援支付方面的使用情境，於是成了這項技術顯而易見的使用限制。二〇一三年，年僅十九歲的維塔利克・布特林（Vitalik Buterin）發表一份白皮書[10]，提出一個新的區塊鏈網路類型，可以支援一般用途的運算作業[11]，稱為以太坊（Ethereum），是去中心化技術的重大進展。

第一代區塊鏈的基礎奠定於比特幣，而後第二代經由以太坊進一步改善，這兩者可說是過去十年間促使區塊鏈崛起的兩大推力。以太坊帶來彈性，加上支援一般用途的運算作業，引起全球大眾和組織注意。全世界開始發現，日益複雜的商業程序涉及遍布全球的眾多公司和中介機構，而以太坊正好提供簡化許多程序的機會。

隨著區塊鏈從小眾的利基技術逐漸廣獲主流社會接納，Apple的App Store也已成為協助企業每週觸及全球超過五億使用者的平台[12]，儼然占有攸關業務成敗的地位。

為何尚未見到區塊鏈在社會中扮演不可或缺的角色，甚至如同App Store一般，已開發世界使用頻率幾乎已高到可視為成癮的程度？[13]

區塊鏈當然是截然不同的創新，縱使原本並不具備商業意圖，以利用及發展產品生態系為目標，但最後的確為商業實體和股東帶來益處。這項技術等於立下新的基礎，改寫公司行號使用網際網路及仰賴網路營運的規則。

破壞式創新並非只是逐漸改善現況，更改變整體趨勢，使先前的創新成為過時的產物。美國在一八六〇年代建造第一條橫貫鐵路，使原本難以交流的東岸和西岸開始貿易，為商業創造龐大的成長機會。這項創新改變了人類活動的極限。比起更早之前搭馬車好幾個月才能跨越整個美國，抵達遙遠的另一側，六〇年代只要一星期就能走完整個路程，而且運輸的貨物量也不像以往備受限制。到了一八八〇年，約有價值五千萬美元的貨物透過鐵路運輸[14]。

有了橫貫鐵路之後，睿智的企業家和革新人士開始挑戰現況，把握鐵路為物流領域創造的機會，開創新的商業型態。除此之外，新的群體也得以成形，為鐵路沿途的停靠站提供各種服務，而加州也從偏遠地區搖身變成主要的經濟體和政治勢力。

如同橫貫鐵路為串連各區人口和商業活動奠定基礎，過去十多年來，去中心化的發展基礎也已悄悄立定。持續有越來越多個人和企業努力尋找方法，創造新型態的效率和價值，幫助勇於擁抱去中心化網路的使用者。

目前，規模達十億美元以上的公司和區塊鏈通訊協定陸續建立，為新興的需求提供服務，是因在技術面和地理位置上的諸多限制皆已有所突破。而且同樣重要的是，全球許多大國開始制定監管框架（包括英國、瑞士、德國、新加坡、美國），使區塊鏈的根基更為穩固。

App Store主要還是屬於B2C（business to customer，企業對消費者）平台，搭上網際網路連線普及的趨勢而能快速發展至今。有別於此，區塊鏈才剛開始嶄露頭角，提供新型態的機會，不僅適用於B2C和B2B（business to business，企業對企業）平台，影響力更為廣泛的各種發展計畫將會深入社會的各個角落，從金融、電信、電競、供應鏈、房地產、醫療保健、政府機關到社交活動，無一不受影響。

二〇一〇年代或許可以說是App Store的世代，但二〇二〇年代勢必會是區塊鏈的時代。

區塊鏈與分散式帳本技術

至此，我們談了比特幣和以太坊網路的崛起，也論及區塊鏈概念的由來，但尚未深入說明區塊鏈的任何細節，以及其他時常相提並論的概念與區塊鏈之間的關係，例如DLT（distributed ledger technology，分散式帳本技術）。

目前已有眾多資源可供參考，你可從中獲悉區塊鏈運作原理的詳細全貌（請參閱本書結尾的「相關資源」一節）。這裡我想詳細說明細節，協助你瞭解基本概念，以便後續章節在這個基礎上進一步探討其他內容。

區塊鏈迷思：破除對區塊鏈的常見誤解

在本書第一章談論區塊鏈相關的核心概念和創新時，我安排了幾個類似的篇幅，協助澄清關於區塊鏈常有的迷思或疑惑。

第一個需要強調的重點，就是區塊鏈和分散式帳本不能劃上等號。區塊鏈是分散式帳本技術的一個類別，這項技術的詳細解說如下。

分散式帳本技術

嚴格來說，區塊鏈只是其中一種類型的DLT，這是交易的電子帳本記錄，分散儲存於多部電腦上。

在標準的帳本中，像是金融界的簿記（bookkeeping），每行明細都是已發生交易的記錄。下面以Cyber Research Systems這家公司的簡易帳本為例，包含幾筆扣款和入帳的交易記錄。

藉由在帳本中記錄各筆交易，你可以查明個人在某個時間點的資產（在這個例子中是指金錢）持有狀況。

我們支付或收取款項的對象，同時也會有自己的交易帳本記錄這些交易。這就是業界廣泛採用的複式簿記（double-entry

帳目編號	日期	說明	支出	收入	餘額
0	2021/07/06	開帳結餘	-	-	1,000,000
1	2021/07/24	工程款 E. Corp Inv.#197	-	750,000	1,750,000
2	2021/07/25	Weyland Corp Inv.#2871	250,000	-	1,500,000
3	2021/07/27	Meta Corp Inv.#531	500,000	-	1,000,000
......	......	......	......	......	......
			......	......	......
1023	2023/03/21	工程款 Epiphyte Corp Inv.#978	-	2,949,000	22,949,000

財務帳本顯示某個時間點的結餘金額

bookkeeping）會計方法。

分散式帳本不將每個組織的這類資訊儲存於試算表之類的單一檔案，存放於電腦上，而是幫同一帳本檔案製作多份一模一樣的副本，分散存放到網路中的所有電腦。這個帳本會追蹤網路中所有公司或個人對資產的持有狀況，而程序主要會依循網路中通用的一套規則組合來達成，稱為「通訊協定」（protocol）。

使用者直接與網路中的任一電腦互動，使帳本的副本有所更新時，該電腦必須先驗證更新內容，再向網路中的其他參與者提出更新內容的請求。這個過程一樣需要遵循網路的通

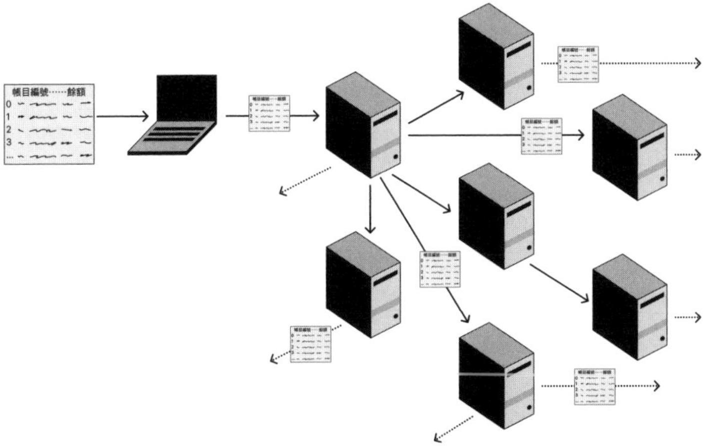

數位帳本分散儲存於網路中

訊協定。其他參與者處理這項更新後，必須達成協議（稱為共識），決定是否接受這項更新。

由於這些電腦分散管理的特質，各部電腦會根據其對整個網路所掌握的資訊，獨立處理更新，接著彼此傳輸更新後的帳本。所有電腦都會遵守所執行軟體中編寫的同一套規則，因此這些更新雖然是由各部電腦個別套用，但在整個網路中保持一致，最終所有電腦會就帳本內容達成共識。

作為基底的通訊協定可界定分散式網路中的電腦，如何透過共識機制達到一致無異的狀態，是比特幣或以太坊網路等分散式帳本技術應用的一大特點。

區塊鏈

區塊鏈是一種儲存分散式帳本交易詳細資訊的資料結構，就像是分散式帳本的主記錄或交易記錄。區塊鏈不僅記錄一家公司的交易，網路中所有參與者的交易活動都會詳實記載於其中，所有參與者都能查看其內容。

假設你使用紙本的表格式帳簿，想記錄一筆新交易。此時你需要一路瀏覽整份表格，在表格的最下方記上該筆新交易。上面一行是你之前記下的前一筆交易，資訊完全不會更動，因為你在增加記錄時，不會把現有的交易記錄刪掉。

帳簿寫滿一頁後，你會翻頁，從新的一頁繼續記載新的交易。每一頁就像一組或一個區塊的交易，而頁跟頁之間自然形成先後順序，並以縫線裝訂成冊，或利用鏈條串連起來。

這種無法修改內容、以鏈條串接不同區塊的形式，承載著所有參與者一組又一組的交易，就是區塊鏈最原始的雛型。在網路中，這個區塊鏈即為所有參與者的單一事實來源。

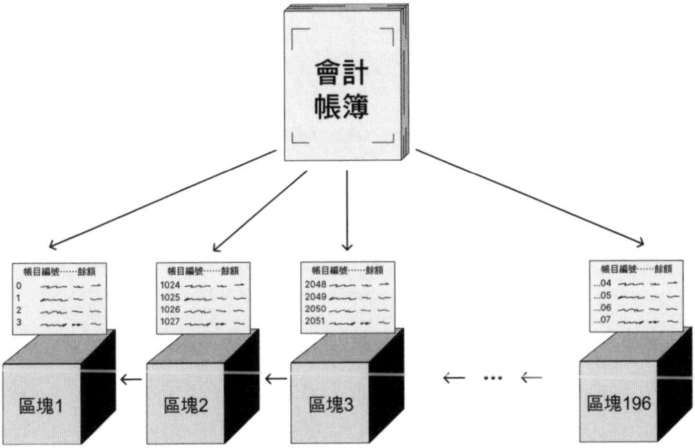

帳簿各頁就像交易記錄分成不同區塊

理解區塊鏈和DLT的基本原理後，你就擁有所需的基礎知識，可以開始深入認識這個令人驚豔的領域了。

區塊鏈迷思：區塊鏈的速度很慢

相較於規模較小、集中控管的系統，去中心化網路的本質的確會使傳輸量有所侷限。整體而言，區塊鏈網路的去中心化程度越高，傳輸量越不理想。不過，隨著許可制的私有鏈平台和第三代區塊鏈平台（請見第二節）問世，部分第三代平台甚至以擴大比特幣和以太坊網路的規模為出發點，速度方面的疑慮已逐漸減少。

重點摘要

自一九九〇年代問世以來，全球資訊網歷經了三次重大演進：

- Web1.0：靜態網

- Web2.0：社群網
- Web3.0：語意網或空間網

比特幣和App Store都是在二〇〇八年的夏天興起，雖然兩者的發展軌跡截然不同，但都是極具影響力的創新。

比特幣和以太坊網路的核心是分散式帳本技術的其中一種應用，也就是區塊鏈，將交易分成多個區塊，分散存放到去中心化網路的各部電腦。

02 儲存資料最安全的方式就是分散於多處

本節將進一步探討去中心化技術為何能實現如此強大的資料儲存效能，也會更深入說明區塊鏈和ＤＬＴ的幾個核心概念，許多使用者熟悉的常見抽象應用都是源自於此。

去中心化比較安全

每個人都有想保護的重要資料。現實生活中，大部分人會抽空撰寫遺囑，交代他們希望由哪些人繼承他們留下的資產。這類文件時常附有補充資料，詳細說明當事人主要資產的相關資訊，例如銀行帳戶、地契、投資和壽險。這一切安排可確保當事人離世後，受益人可以經由相對簡單明確的方式獲得資產。

這些文件內的資訊相當敏感，萬一落入有心人士的手裡，恐怕會引發身分詐欺和其他惡意行為，因此必須以安全無虞的方式保存。對某些人而言，這類文件遺失可能會造成嚴重後果，像是如果當中有位繼承人與當事人之間沒有血緣關係，勢必很難證明自己有權獲得特定比例的資產。

因此，控管誰能取得這些文件，乃至準備多份副本並以安全的方式分散保存，無非成了重要的工作。在使用紙本文件的情況下，這些副本通常會放進銀行的保險箱、分開存放於不同銀行或儲存設施，甚或交由律師保管。遺囑執行人必須要能查閱文件，以確保資產能依遺囑所述方式分配給正確的繼承人。

根據資產的價值和所在地環境給人的穩定感受，立遺囑人可能會希望把資產分別放在多個地理區域，或甚至將法律文件拆分成多份存放，讓重要資訊不會集中保存於單一位置。文件可能分別託管於所在城市的多家銀行，更遠一點放在其他地區，甚至其他國家。這類重要資訊越分散，越不可能遺失，不過前提是當事人必須有辦法記住哪些文件放在哪裡。

要是有人從其中一處取得文件，這種分散保存的作法也能讓有心人士無法一次掌握當事人資產或遺願的所有資訊，進一步確保當事人以及受益人在當事人過世後的人身安全。

同樣的方法在數位世界也行得通。但願以上說明已清楚傳達一個觀念，亦即儲存資料最安全的方式是分散存放於各處——副本數量越多、保存於越多實體位置，資料遺失殆盡的機會越小。當然，除了當事人的隱私必須兼顧，資料調閱上也必須設有限制，以確保只有適當人員可以湊齊所有文件，不過大抵而言，資料複製的份數越多，資料越安全。區塊鏈之類的去中心化技術就是在這個核心概念的基礎上運作。

透過將區塊鏈交易帳本的副本分散保存於全球無數部電腦上，區塊鏈網路所體現的資料可用性和備用能力，是集中控管式系統所無法相提並論的優勢。

區塊鏈迷思：區塊鏈製造不必要的重複資料

區塊鏈複製資料的機制有其必要，目的是為了達成系統對於使用者隨時可取用資料的保證。如果資料未複製到所有節點，資料遺失的機率就會提高。在分散式系統中，資料的可用性和一致性，以及從通訊中斷事件復原的韌性，三者永遠無法同時兼顧，這是眾所周知的問題，電腦科學領域甚至為此提出「CAP定理」[15]，指出在電腦網路可能故障或分區管理的情況下，只能顧及資料的一致性或可用性其中一項特性，魚與熊掌不能兼得。

聽起來很棒，但需要付出什麼代價？

從發展歷程來看，區塊鏈以此方法運作之下，速度和隱私是兩個需要妥協的主要缺點。網路中的大多數參與者必須先達成共識或協議，下一個交易才能發生，而且所有參與者都能查看基礎交易帳本的內容。

在現實世界中，如果你將一份文件拆成多個部分，分別存放於好幾個安全的地方，想要將整份文件湊齊，除了曠日廢時，勢必還需搭配實體的身分驗證機制才行。因此，要是文件內沒有什麼敏感資訊，你可能就會選擇犧牲安全性，把文件放入資料夾收納在書桌附近，以便快速查閱。

對於規模和隱私方面的限制，目前已有進展快速的規模擴充技術和新隱私措施設法予以改善，比起區塊鏈網路剛出現的那段時間，相關疑慮已大幅減少。這裡先不詳談這些技術，但如果你想瞭解，可翻閱術語表對「零知識證明」（zero-knowledge proof）的定義。

加密貨幣

區塊鏈網路是在網際網路上運作，當然所有人都能存取？沒錯，就像網站一樣，能夠連上網際網路就能存取區塊鏈，但與網站不同的是，區塊鏈網路還連結了龐大的價值。

比特幣網路透過比特幣這種貨幣形式，提供一種儲存價值的數位方式，而以太坊則提供運算平台。運作這些網路勢必得付出成本，而且必須保護網路免受惡意人士侵擾，這該怎麼辦到？答案就在網路的共識機制，而使用者也必須在真實世界中付出成本，才能在決定共識如何達成時表達意見。

加密貨幣是連結區塊鏈網路的價值載體。想要使用網路就得支付手續費，這筆費用通常是以網路的原生加密貨幣計價。以比特幣網路為例，就像使用信用卡付款一樣，透過網路轉移比特幣給某人時，即需付出一部分的比特幣作為手續費。如果使用以太坊，則需使用以太幣（ether，以太坊的原生加密貨幣）支付手續費，才能在網路中執行電腦程式[16]。

實際執行的動作類型取決於特定區塊鏈提供的功能，從簡單地在錢包之間轉移加密貨幣，到複雜的去中心化的應用程式互動，執行的動作可能各不相同。

從區塊鏈使用過程中收取的手續費往往會回到網路中，成為電腦集體運作網路後獲得的獎勵[17]。就如前一節所述，電腦將交易集結成區塊，發起的交易完成後便提議併入區塊鏈。這些電腦不斷為網路建立新的區塊並維護安全，因此稱為「礦工」（miner）。提出區塊建立要求的機制，則由網路的共識機制所支配。

交易費用和區塊建立程序兩相結合下，形成對個人和企業電腦運作的獎勵機制，促進網路的整體健全度之餘，也讓所有人能隨時存取網路資料。

區塊鏈迷思：區塊鏈耗費大量能源

區塊鏈採行的共識機制類型可決定參與者之間如何達成協議。有多種不同機制，其中以PoW（proof of work，工作量證明）和PoS（proof of stake，權益證明）最為人所知。這些機制會在真實世界中產生成本，為參與網路設立了門檻。以PoW為例，電腦的運算效能即為參與網路的阻礙，而追求高效能需耗用大量電力；若採用PoS，投入資金購買加密貨幣便不可避免。

比特幣和以太坊採取PoW共識機制，的確需消耗大量電力（以太坊在二〇二二年已改採PoS）。不過，這比較像是特例而非常態。第三代平台通常採取某種形式的PoS，後面我們會再討論許可制的私有鏈支援多種類型的共識機制。

雖然加密貨幣與其支援的區塊鏈網路緊密關聯，但社會大眾對加密貨幣的興趣高漲，甚至將其視為獨立的資產類別，統稱為數位資產市場。比特幣的市值穩定成長，市場資本已在二〇二一年超過一兆美元，以太坊的以太幣也已超過四千億美元的市場資本。數位資產的整體市場資本超過兩兆美元[18]。

在市場龐大興趣的推波助瀾之下，學界還出現了名為代幣經濟學（token economics）的全新研究領域，研究人員分析各種相關的經濟因素和機制，瞭解其如何在不同數位資產和區塊鏈生態系中創造價值。

不錯的錢包，但要如何擁有？

加密貨幣之類的數位資產必須要有地方可以存放。就像實體現金一樣，加密貨幣也是放在錢包中，而且顯然是數位錢包，但其實這種錢包只是與加密貨幣餘額連動的加密金鑰。加密金鑰是一串相當長的數字，可用於執行身分驗證和加密等各種保密操作。

加密金鑰可以轉換成多種形式，包括儲存於手機等裝置上、保存於實體的硬體錢包，甚至可以手寫記在紙上，像保管遺囑一樣妥善留存。許多加密貨幣交易平台也能為客戶管理金鑰，簡化客戶的使用體驗（不過要是平台遭駭，你的資金將不受保障）。

加密金鑰並非陌生的技術。你在網站上可以安心地輸入信用卡資料，輕鬆購買商品，正是因為網際網路採用完全相同的加密概念，這整個安全模型稱為TLS（transport-layer security，傳輸層安全性），只不過與加密貨幣的使用情境稍有不同。

由於這些錢包或金鑰會與加密貨幣餘額連動，因此稱為帳戶，也就是區塊鏈上所有交易最終連結的對象。運用抽象概念，錢包或金鑰可與個人或企業等實體相互連結，不過剝去抽象化的外衣，就會只剩下錢包或金鑰本身。為了理解在區塊鏈中扮演的角色，務必記得，區塊鏈錢包只儲存加密金鑰。與錢包連動的實際數位資產並不在錢包內，資產所有權是由底層的區塊鏈加以追蹤。錢包單純只是存放加密金鑰的地方，用以證明資產的所有權，並允許目前的擁有者將資產轉移給其他數位錢包。

區塊鏈迷思：改採量子運算技術將會摧毀目前加密貨幣所奠定的安全基礎

量子運算具有龐大潛力，可能顛覆目前以加密金鑰為安全基礎的區塊鏈網路。如果這件事真的發生，不會只有區塊鏈和加密貨幣受到影響，連帶網際網路的整個安全模型（包含上述處理信用卡付款資料所採用的TLS通訊協定）都會遭殃。因此，隨著量子技術越來越有可能成真，網際網路以及加密貨幣和區塊鏈網路都需採取抗量子（quantum-resistant）加密實務來因應。

智慧合約

上文已說明區塊鏈網路的獎勵機制——加密貨幣與其存放於錢包的方式——但實際上能如何運用？透過比特幣網路，使用者可以互相轉移比特幣，這點以太坊也能辦到。不過，我們先前也提過，以太坊是遍布全球的電腦網路，這到底是如何運作？代表什麼意義？答案就在智慧合約（smart contract）中。

智慧合約是可在區塊鏈網路上執行的電腦程式碼。能在極度去中心化、分散於各地的眾多電腦上執行任何程式碼，是推動區塊鏈生態系的一項重要創新，可創造嶄新的商業機會類型和效率。

意思是，支援活動所依循的商業邏輯可以寫成程式碼，以智慧合約的形式部署到區塊鏈網路。與所部署智慧合約互動的實體，一律受商業邏輯中定義的同一套規則所規範，而商業邏輯本身即為實體，受區塊鏈所控制，其他實體無法對其施加不當控制。一個更公正、效率更高且更透明的機制於是成形，在此機制下，個人和企業可以彼此交易。相較於傳統的電腦網路需由備受信任的中介機構負責協調不同參與者間的活動，區塊鏈網路不需要這些機構居中輔助，換言之，智慧合約可實現去中介化的願景。如此一來，不只網路的透明度和安全性有所提升，由於參與者不再需要借助中介機構即可完成交易，成本和費用自然也能減少。

後續章節將會深入探討這個基礎層創造出各種嶄新的創新契機。

去中心化儲存

雖然區塊鏈和分散式帳本的主要功能在於處理支援加密貨幣的相關交易，並以智慧合約的形式執行程式碼，不過，去中心化生態系還有另一塊重要拼圖，那就是去中心化儲存（decentralised storage）。

不管是實體文件、數位文件或圖片的掃描檔，先前已說明去中心化可能帶來的好處，例如提高重要資料的可用性、耐用性和安全性。之所以能有這些優勢，仰賴的正是去中心化儲存技術提供的機制。

表面上，去中心化儲存技術與網路其他既有的儲存方法並無不同，使用者都是透過某種閘道或入口網站上傳文件或檔案，之後再利用類似的機制擷取。去中心化儲存技術的差別在於基底資料本身的去處。

傳統儲存方式中，檔案存放於電腦或專用的儲存裝置，由單一公司或檔案的提供者操作及使用；在去中心化的世界中，電腦網路會將資料分塊處理，將各區塊複製並分散存放到構成網路的眾多電腦上。

如同區塊鏈網路一樣，使用者儲存及擷取資料都需以加密貨幣[19]付費，補償提供運算效能的使用者，有他們支援網路運作，資料處理程序才能完成。

這種去中心化的儲存方式是由IPFS（星際檔案系統）首創[20]。IPFS為網際網路提供去中心化儲存層，同時由文件幣（Filecoin）為IPFS提供去中心化儲存服務，並供應代幣獎勵參與者[21]。

儘管去中心化儲存無疑是發展上的一大突破，但這項技術在後續篇幅中所占的分量將會減少。雖然這是成就完整去中心化系統的重要基石，不過要瞭解其衍生的機會所需掌握的相關範例，不如與區塊鏈有關的範例那麼艱難，我想極力確保本書探討的焦點在於區塊鏈，因為這才是可能為你創造最大機會的技術。

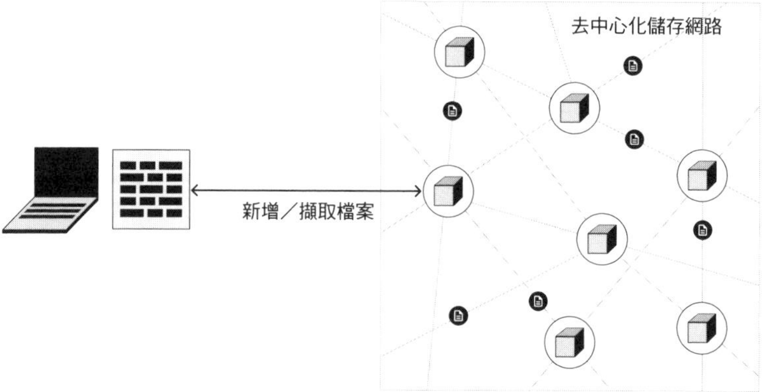

去中心化檔案儲存

下一世代

近期已出現第三代區塊鏈平台。這些平台試圖解決比特幣和以太坊網路已知的幾項限制，例如突破交易傳輸量的瓶頸，並提供相關支援，使其能與其他區塊鏈互通運作。

部分平台提供獨立的擴充網路，可與主要的以太坊網路並行運作，例如多邊形（Polygon）和樂觀（Optimism）；也有平台提供完全區隔的區塊鏈，像是波卡（Polkadot）、卡達諾（Cardano）、索拉納（Solana）。

有鑑於第三代區塊鏈平台的發展快速，這裡就不深入探討，主要的通訊協定列於「相關資源」一節。

	第一代	第二代	第三代
起始年	二〇〇八	二〇一三	二〇一七
主要特色	區塊鏈、加密貨幣	智慧合約和通用計算	規模擴充、互通操作
通訊協定	比特幣	以太坊	Cardano、Polkadot、Avalanche、Solana、Polygon、Optimism

公有網路與私有網路

比特幣、以太坊和第三代網路是在網際網路的基礎上運作，開放全球各地的使用者參與。只要能連上網際網路，任何人都能存取這些網路。

由於具備普遍開放存取的本質，這些網路稱為公有區塊鏈網路。任何人只要存取網路，就能查看網路中所發生交易的詳細資訊。有效負載為加密狀態，交易雙方的詳細資訊也可以是模糊的，但交易本身依然是在全球使用者都能查看的帳本中進行。此外，在這些網路中交易的使用者都需持有原生代幣或加密貨幣。

私有區塊鏈網路存在於只有指定參與者群體可以存取的私有網路上。協議或共識如何達成，全由私有網路的建立者決定，因為控制這類網路不必使用加密貨幣，與公有網路不同。這類網路也提供更精細的隱私保護和權限控制功能。

ConsenSys的Quorum（原為摩根大通所研發）、R3的Corda、IBM的Fabric都是極度熱門的私有區塊鏈網路技術。Quorum的技術類似於公開的以太坊技術，但是具有額外的隱私保護和共識功能，Corda和Fabric則專門用於部署私有區塊鏈網路[22]。

區塊鏈迷思：在區塊鏈上加密敏感資料形同引誘攻擊者上門

如果敏感資料只是簡單經過加密程序就存放到區塊鏈，或許就是攻擊者的一大誘因。然而當敏感資訊在區塊鏈的參與者間交換時，資料的交換本身通常不會記錄於區塊鏈，只會留下交易或事件發生的證明。在這樣的機制下，有心人士永遠無法猜中敏感資料，因為存放於區塊鏈上的只是一個證明，僅有資料交換的實際參與者可以解讀其內容。近年來密碼學領域出現了一種新的證明類別，稱為「零知識證明」，參與者可向另一方證明自己知道某物件的價值，而不必出示「瞭解價值」此一事實之外的任何資訊。這個領域正在快速發展，可能在公有鏈的隱私和規模擴充等方面的發展產生重大影響。

重點摘要

出現儲存敏感資料的需求時，我們會為資料製作多份副本，以達到備份的目的。只要具備充足的安全措施，能限制取用行為，就能比將單一資料放在單一位置更安全。

數位資產（例如加密貨幣）不僅提供一種儲存價值的形式，並且也能發揮控管與區塊鏈網路互動的作用。這類資產存放於數位錢包中。

想在區塊鏈網路中執行DApp（decentralized application，去中心化應用程式），需藉由智慧合約來達成。

去中心化儲存技術是區塊鏈生態系的另一塊拼圖，可提升資料的可用性、耐用性和安全性。

第三代區塊鏈平台開始出現，試圖消弭社會大眾對公有鏈網路在速度和互通操作等方面的疑慮。

公有鏈：

- 交易時需使用加密貨幣。

- 交易公開可見；逐漸出現能夠保護隱私的交易方式。
- 連上網際網路就能使用。

私有鏈：

- 對存取權限和隱私加以控管。
- 只有參與者能看見交易，並支援非公開形式的交易。
- 參與者首次使用的登錄程序和網路管理工作皆可由建立者自行完成。

03 美好的未來

至此，我們已說明為何區塊鏈是促進變革的一股強大力量。為了讓大家對於日常生活可能受到的影響有更踏實的認知，預先設想未來生活的樣貌想必能有所幫助，而在這一節中，我會著重於區塊鏈能如何融入我們的生活，從虛擬實境到電動車充電都能看見區塊鏈的實際運用，描述未來某些面向的可能模樣。

一日生活

自從全球擺脫新冠肺炎疫情的陰霾，至今已過了十幾年，此時此刻，你在新加坡的飯店床上剛剛醒來。你伸手拿手機查看訊息。

朋友萊拉傳給你一則訊息，內容是關於昨晚你到場觀看的虛擬實境演唱會，戴著VR頭戴式裝置，在現場近距離觀賞滾石樂團（The Rolling Stones）最後一次表演〈Jumpin' Jack Flash〉這首歌。你多花了一點點錢購買獨家販售的門票，這張票會永遠存放在你的數位錢包。

這張門票不僅是參加這場盛事的證明，也是獨家的收藏品，持有者隨時可以利用這張票重播那場演唱會的影像，和好朋友一起觀賞。將來，如果你決定讓其他人重溫當天的體驗，可以透過數位收藏市集把票賣掉。不管票賣了多少錢，售價中固定比例的金額會由樂團和活動主辦方拆分，市集平台扣掉手續費後，剩下的就是你賣票獲得的收入。

近來你所購買的內容都放在數位錢包中。比起十年前各種資訊分散於不同電子郵件、網站、平台，能在一個地方集中查看實在方便許多。

你決定聽點音樂，好迎向新的一天。你看到最愛的饒舌歌手納斯（Nas）發行新專輯，想要先聽為快。開始聽他的新作品後，這次播放音樂的詳細資訊都會記錄下來，而你收聽新專輯所付給歌手的金額也清清楚楚記載著。雖然你不覺得這是他最棒的作品，但還是繼續播放，盡量增加歌手收到的權利金。

今天你要從飯店退房，回想起從前，如今便利的退房流程很難不讓人感到驚訝。離開房間時，只要將智慧型手錶靠近感應器觸碰一下，房門就會上鎖，走出飯店大門時，再執行一次同樣的動作，就能完成退房手續。智慧手錶與你的數位錢包相互連結，而錢包內存有你的數位身分資訊。訂房時，你使用數位身分與飯店締結合約，住房費用則透過智慧合約進入履約保證程序，等到退房後，費用就會自動轉入飯店的帳戶。

飯店外，好幾部自動駕駛的計程車正在充電，一旦有乘客上車，計程車就會將乘客送到目的地。你坐進車內，車輛隨即與充電站中斷連結。充電站通知計程車充電費用，並自動收費。充電纜線從計程車上卸下，接著計程車便朝機場的方向駛去。

途中，計程車自動支付好幾次機場快速道路的過路費，同樣是透過小額支付系統完成付款流程，而這次，計程車是經由5G行動網路，與新加坡的高速公路養護單位直接通訊，完成交易。

抵達機場後，計程車通知你這趟路程的總費用（包括過路費），你核准後付款。不像十年前，現在付款不必經過付款服務商，款項由你的數位錢包直接轉給計程車行。

機票早就備妥保管於數位錢包內，所以你直接走向安檢站和護照查驗櫃檯，並再次使用數位身分資訊。

數位身分也與數位護照連結，強制出示實體護照的日子早已遠去。現在，你只需要在護照查驗站使用數位錢包掃描QR碼，並核准錢包傳送訊息證明身分即可。手機相機的人臉辨識軟體隨即開啟，證明掃描條碼的人就是該身分資訊連結的本人。接下來，你就能走向出境區的貴賓室了。

你拿起一杯咖啡，以機場咖啡的標準來說，這杯出奇地好喝。咖啡杯上印有可供手機掃描的QR碼。掃描後，手機隨即開啟一個網站，網頁上顯示咖啡豆來自印尼蘇門達臘島托巴湖（Lake Toba）西南方的林東尼胡塔（Lintong Nihuta），還附上採收咖啡豆一家人的照片。咖啡豆從產地運送到新加坡，兩個禮拜前才完成烘焙，賣到現在你所在的咖啡店。當然這只是區區一杯咖啡，但能知道讓咖啡如此美味的幕後功臣，終究還是好事一件。

坐著候機時，你快速瀏覽了一下資產組合。無論持有多少數量，你所擁有的各種數位資產每年都能為你帶來百分之五至百分之十五的收入。有些資產的風險較高，但整體而言配置還算平衡。另外，你也持有數位美元、數位歐元、數位英鎊，這些貨幣產生的收益雖然偏少，但還是勝過以前把錢存在銀行的利息收入。

部分收入來自你和姊姊在倫敦共同持有的出租房產。智慧合約每個月會收到租金，並自動將這筆收入拆成兩份，收入會顯示於你的數位錢包中。你把部分收入拿去投資一家區塊鏈新創公司，該公司提供火星礦物的開採證明，甚至規劃幾年後要執行首趟載人飛行。

航空公司寄來訊息，告訴你該如何抵消這趟飛行所產生的碳排放。為加速航空業達到淨零排放，購買任何機票都需額外支付一筆「抵消費」，透過各種潔淨能源計畫抵消碳排放，並由區塊鏈追蹤能源的來源。你選擇印度中央邦（Madhya Pradesh）的風力發電計畫，七年下來總共會抵消一百二十三萬噸的二氧化碳當量（tCO2e）。從航空公司的應用程式中，你可以看到自己從該計畫買了四・六十六個數位tCO2e代幣，並分配到你的數位錢包，抵消這趟飛行產生的四・六十六噸二氧化碳。

你打開社群媒體瀏覽一些評論，發表的人提出切實中肯的建議和想法，讓你深感啟發。你利用小額交易功能付給幾個人小費，感謝他們持續為你帶來新的思維。以前需要使用信用卡的年代，給小費必須另外付給服務商至少五十美分的手續費，代價高昂；相較之下，如今在社群媒體上看見一篇喜歡的貼文，就能隨手給出一美分以下任何金額的獎勵，相當方便。

你也意識到旅遊險就快要續保。你在過去這一年裡曾因沒趕上航班而申請了幾次理賠，但這之前極少申領。當你提供數位身分證給其他保險公司，很輕易就能分享過去五年來的理賠申請記錄，保險公司也就能看見你去年的情形並不是常態，要找到保險公司續保想必不會太難。

你即將在回倫敦的飛機上度過漫長的時間，與其冒著風險等到上飛機後才使用斷斷續續的網路（但至少航空公司沒有試圖向你收費），你再度連上網路重返數位市集，幫自己在《俠盜獵車手七》（*Grand Theft Auto 7*）中的角色買了幾套二手服裝。你找到幾雙超棒的復古款Air-Max運動鞋，這些都是Nike釋出的數位限定版，你簡直無法相信有人願意割愛。你希望遊戲角色穿戴的服飾配件，現在一樣樣都買齊了。

現在你感覺一切都安頓好，可以準備起飛了，有幾小時的時間可以盡情地玩《俠盜獵車手七》，之後好好睡上一覺，醒來時就能抵達倫敦，踏上回家的路。

即便描繪未來並非易事，上述許多未來情境其實沒有你想像中那麼遙遠。業界早已在這裡所描述的創新突破上大有斬獲，其中重要的原因之一，正是因為他們採用了區塊鏈技術。

重點摘要

區塊鏈將會影響未來的日常生活，幾個備受這項技術影響的地方包括：

- 生活物資（例如咖啡）的生產溯源。
- 旅遊票券。
- 電子支付。
- 投資。
- 碳排放抵消。
- 虛擬實境和電玩。
- 音樂權利金支付。

04 創新進程

比特幣和以太坊網路的歷史發展詳述至此，前文說明了區塊鏈、數位資產（例如加密貨幣）和智慧合約如何從這些網路中應運而生。但這些技術究竟為這世界帶來了哪些真正的創新和益處？上一節描繪的是十年後可能的生活，不過，目前所概述的區塊鏈核心技術是怎麼實現這些創新的呢？

為什麼去中心化的世界中，承載以太坊網路這類應用方式的電腦會引發熱議？不就是一部運作緩慢的龐大電算機嗎？為什麼數位貨幣這麼了不起？數位貨幣能帶動哪些發展？

想知道這些問題的答案並深入瞭解，我們必須進一步探究區塊鏈技術所衍生的重要創新。正是世人和企業所發現的這些契機，促使新的生態系以區塊鏈為基礎茁壯發展，在匯聚出全新資產類型的過程中創造市值十億美元起跳的新產業。

沒錯，其中的確不乏金融投機方面的應用，不過本質上都是在挑戰現況，除了建立以前從不認為可能實現的效率模式，也顛覆創意產業（例如藝術界）長期以來的既有秩序。

這一切要從以太坊網路的智慧合約說起，以及一種稱為「ERC-20」的標準。

世界代幣化

建立代幣是早期發現的其中一種區塊鏈應用情境。代幣可以代表任何事物，像是代表你公司的股份、你和朋友共同擁有的賽季門票，甚至是你自己建構的貨幣體系，貨幣政策由你全權制定。總之，代幣可以代表幾乎所有事物，並輕鬆分配其所有權。

區塊鏈的優點在於，所有權的管理規則存在於區塊鏈上，相當透明，持有者可以自行決定何時要出售代幣，將所有權轉移給下一個持有者，這整個過程可透過區塊鏈完成，不需經過企業或機構特別打造的基礎設施。同樣地，存取權由所有網路參與者都能查看的程式碼所管理，因此存取權一律平等。無論你想擁有一個或一百萬個代幣，都是採用同一套機制，使用者可享有前所未有的公平性。

舉個例子，你可以將豪宅的所有權轉換為代幣，讓全球各地購買此代幣的人得以接觸這個他們在正常情況下無法負擔得起的資產類別。

以太坊網路在二〇一五年問世，當時人們就已察覺，為真實資產或數位資產創造代幣（或所謂的代幣化）能衍生出其他發展機會[23]。然而，創造代幣需要有智慧合約當基底，才能加以管理，也就是說，代幣如何代表資產會有眾多不同的詮釋。

縱使如此，市場創造貨幣的熱情並未因此冷卻，但這的確讓以太坊網路上推陳出新的各種代幣令人難以理解，因為每種代幣的實作方式各有不同。幸好這個問題並未持續太久，就有一套標準出現。

ERC-20

以太坊社群受IETF（Internet Engineering Task Force，網際網路工程任務小組）影響，該小組負責擬定各個通訊協定，維持網際網路正常運作，包括TCP／IP和你存取網站所使用的HTTP。任何人都能提交ＥＩＰ（以太坊改良提案），對以太坊網路做出變更，如果這些變更與網路上的智慧合約有關，就稱為ＥＲＣ（以太坊意見徵求稿），相當類似IETF的ＲＦＣ（request for comments，意見徵求稿），有助於許多網際網路通訊協定標準化。

二〇一五年十一月，法比安・沃格斯特勒（Fabian Vogelsteller）和布特林提出ERC-20，提供智慧合約在以太坊網路中代表貨幣的標準化介面[24]。定義了代幣的常見屬性，例如名稱、符號，以及將代幣零碎化所依循的小數位數。此外，也界定了常見行為，例如代幣如何在不同持有者之間轉移，以及如何將代幣的控制權委派給他人。這項標準很快就獲得以太坊社群的支持。

換句話說，如果有人想要創造自己的代幣，這件事突然變得容易許多，於是個人和企業開始依循ERC-20標準建立及分享智慧合約的參考實作。所有人都能採納這些參考實作，部署到以太坊網路以支援其特定的使用情境。

ICO誕生

為了讓以太坊網路成功上線，以太坊創始團隊採取新穎的方式籌措研發資金。與其利用現有的籌資管道（像是創投公司），團隊選擇透過眾籌（crowd sale）的方式獲得資金，亦即投資人將比特幣存入特定的錢包位址，並拿回某個數量的加密貨幣，也就是以太幣。

當然在那個時候，以太坊網路並未真正存在，因此這些早期的投資人等於甘冒風險，明白新網路可能永遠不會實現，他們的初期投資最終可能血本無歸。這些資金由非營利組織以太坊基金會（Ethereum Foundation）管理，這個基金會扮演財政部的角色，負責監督資金的運用情形。

值得投資人慶幸的是，以太坊網路成功上線，而且之後的幾年間，初期投資的投資報酬率簡直高得驚人。這種推出以太坊網路的方法稱為ICO（initial coin offering，首次代幣發行），由投資人出資買進潛力專案提供的代幣，以利專案創立新的網路或公司[25]。

第一個加密貨幣大泡沫

以太坊網路大獲成功，加上還有ERC-20代幣標準，促使一個新的產業快速蓬勃發展，眾多公司開始利用ＩＣＯ為專案募資。公司將加密貨幣轉移到以太坊網路的智慧合約，藉以獲得所需的資金，而投資人則獲得代幣，在專案正式實行後，這些代幣就能為投資人帶來某些效益。有些專案在以太坊上執行，為特定領域提供服務，例如去中心化保險或市集；有些專案則另起爐灶，建構新的基底平台與以太坊互別苗頭，俗稱為「以太坊殺手」（Ethereum killers）。

無論目標是什麼，任何人和專案都能透過眾籌的方式籌措資金，不必煩惱找創投募資這種較為傳統的方式所要經歷的各種盡職調查。很多時候，只要能提出足以說明目標的白皮書和團隊簡介網站，就已足夠。

二〇一七年到二〇一八年的眾籌市場出現爆炸性成長，募資的標的物從一群人的時間到沙子，包羅萬象。這段期間的專案總共募得兩百二十億美元[26]，只是市場最終過度飽和，投資人對此不再抱持濃厚的興趣。

雖然此時還是草創時期，市場上沒有太多規範，但不少團隊設定要達成的目標都具有利他性質，當然也有少數心懷不軌的負面案例。不過，所有專案兜售／提供的代幣都會分配到投資人手上，為投資人帶來符合網路和持有者長期利益的基本價值。

儘管不同專案實現的價值不盡相同，不過代幣的廣泛類別儼然已成現實[27]。

區塊鏈迷思：加密貨幣有利於犯罪

雖然有些犯罪組織使用加密貨幣取得贖金及違法洗錢，但比起法定貨幣（例如美元）在這些方面的濫用情況，加密貨幣市場的濫用比例根本微不足道。二〇二〇年，所有加密貨幣的活動中，犯罪活動僅占百分之〇．三四，交易金額約莫相當於一百億美元，比起二〇一九年的百分之二．一已有所下降。而聯合國預估全球百分之二到百分之三的GDP與洗錢和非法活動有關，相當於一．六兆到四兆美元[28]。

去中心化治理

受惠於區塊鏈平台和應用程式的去中心化本質，決策和治理工作得以透過獨一無二的作法來完成。只要利用智慧合約來表示平台、組織或應用程式背後的基礎規則，即可達成鏈上治理（on-chain governance）的目的。代幣持有者直接和智慧合約互動，完成決策，結果就會轉換成區塊鏈上的程式碼自動執行。

不管是透過網路連線或現場完成，傳統的決策方式是由人工頒布（像是發行軟體或公司調整組織架構），屬於「鏈下」（off-chain）活動，並非使用早就存在於區塊鏈上的程式碼自動執行。

區塊鏈網路的實際變動往往是以分叉（fork）的形式來表現。網路由節點構成，而節點執行軟體時如果產生任何修改，即為分叉，可想成是涵蓋整個網路的系統升級。分叉可分為兩種型態：軟分叉（soft fork）和硬分叉（hard fork）。

軟體歷經升級，而這些升級可以反向相容，即表示發生了軟分叉。節點更新至軟體的最新版本後，那些一直以來都和前一版節點通訊的節點，還是能與更新後的節點順利通訊。

軟體發生重大改變，但這些改變無法反向相容，就表示發生了硬分叉，這個現象更常稱為破壞性變動（breaking change）。節點更新至軟體的最新版本後，對於網路基底的區塊鏈會有不一樣觀點，與未更新的節點有所不同。如此一來，會有兩個不同的區塊鏈軟體版本同時運行，對於區塊鏈本身也就會有兩種不一樣的觀點，因此區塊鏈分裂（或分叉）。所有節點更新完成後，彼此間的觀點差異就會消失，因此分叉事件發生前，通常會大肆公告分叉時間，讓所有參與者可以提前做好分叉的準備。

比特幣和以太坊都曾歷經硬分叉，不僅是為了升級，也因應其社群中的異議聲浪順勢而為。後者所造成的最終結果，是創造出比特幣現金（Bitcoin Cash）和以太坊經典（Ethereum Classic）等其他區塊鏈網路。

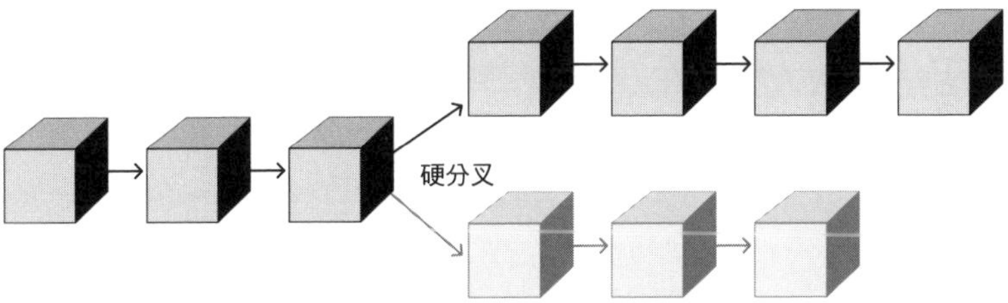

區塊鏈網路的硬分叉

區塊鏈迷思：區塊鏈分叉表示失去主控權或智慧財產落入商業實體手中

區塊鏈分叉應視為類似軟體升級的概念，是系統維持安全和完整的必要過程。如同全球資訊網協會（World Wide Web Consortium）和IETF等組織定義及維護網際網路賴以運作的通訊協定，管理區塊鏈通訊協定的組織有必要嚴正看待自己為使用者提供穩定平台的責任，否則使用者可會直接跳槽，轉往其他更穩定的平台。

至於智慧財產，就像你不會在網路上公開商業機密資訊一樣，你也不應在開放所有人使用的區塊鏈上這麼做。

分散式自治組織

完全鏈上治理的概念催生了去中心化的應用程式，這類應用程式在區塊鏈上自主運作，形成DAO（decentralised autonomous organisation，分散式自治組織）。一旦部署到區塊鏈網路上，這些應用程式便依據寫入其所屬智慧合約的程式碼運作，而與一般應用程式的主要差異在於，DAO不受任何個人或組織控制，僅受制於代幣持有人。

若要成為代幣持有人，你需要將加密貨幣移轉給DAO，接著就能分配到代幣，或者也能透過數位資產交易所購買。如此一來，你就能投票表決DAO的相關決策，決定其發展方向，例如怎麼分配其他代幣持有人投入的資金。

哪裡可能出錯？

或許你覺得DAO聽起來風險不小，畢竟追根究柢，DAO只是在區塊鏈上執行的程式碼，卻綁定具有真實價值的資金。不是只有你這麼認為。

回到二〇一六年，有人在以太坊上建立了一個DAO，其受歡迎的程度遠遠超過創辦人的預期，推出才十五天，便吸引市值超過一億美元的以太幣資助。以太坊上出現這麼大的「蜜罐」（honeypot，意指吸引駭客攻擊的目標）當然不可能沒吸引有心人士注意。一個月後，駭客成功盜走五千萬美元的以太幣。這起竊案最終迫使以太坊網路採取硬分叉的作法，試圖挽救其中的資金。這項備受爭議的決策最終催生出「以太坊經典」[29]網路，由原以太坊網路不贊成硬分叉的參與者構成。

DAO仍是區塊鏈上極具實驗性質的一種應用。由於缺少內建的緊急應變措施，定義DAO所使用的電腦程式就是DAO所能獲得的所有安全保障。此外，DAO在法律上依然是灰色地帶。某些地區的司法認同DAO屬於有限責任實體，但這樣的保障尚未普及。儘管如此，只要背後有適當的安全措施，這無疑是影響深遠的一種概念，未來技術一旦成熟，或許就能更廣泛地運用。

區塊鏈迷思：在區塊鏈上無法擁有像集中式系統從錯誤中復原的控制能力

區塊鏈擺脫建立稽查記錄或證明的沉重負擔，不以這種形式記錄或證明活動或事件的發生事實。處理橫跨多個內部或外部實體的複雜程序時，這種作法尤其實用。從錯誤或問題中復原的功能，應該在設計去中心化應用程式時列為一大考量。雖然區塊鏈具有無法竄改的本質，無法將錯誤的交易從區塊鏈中消除，但在設計應用程式時多用心，勢必就能克服這項限制。

代幣類別

功能型代幣（utility token）

功能型代幣是極常見的一種代幣類型。顧名思義，這種代幣能在網路或所連結的去中心化應用程式中提供某種功能。

稍早之前曾談到以太幣（也就是以太坊網路[30]的原生貨幣）可用來支付在網路上執行交易的費用，就是這種代幣的功能。

功能型代幣的其他用途包括：付費使用去中心化檔案儲存網路、支付服務供應商報酬，或為區塊鏈應用程式或網路的使用者提供有利價值。

雖然稱為功能型代幣，但不表示這種代幣無法在金融投機等其他運用手段中使用，只不過，其存在的主要原因是為使用者提供某種功能。

證券型代幣（security token）

某些代幣的用途類似於傳統證券（如股票），擁有代幣代表持有公司股份。這些代幣的價值則相當於代幣所連結公司的感知價值。

由於證券發行這方面在某些司法管轄區的法規限制，這類代幣始終伴隨著不少爭議。美國就是其中一個例子，為發行帶來挑戰，第十三節會再深入探討這個議題。

為滿足機構對於ICO的需求，有些企業開始推動STO（**Security Token Offerings**，證券型代幣發行），這種改良後的ICO類型主要採取較傳統的募資作法，由投資人投入資金後取得區塊鏈代幣。

一般而言，任何人都能透過ICO將資金投入公有鏈的合約，換取代幣，但STO其實是不公開的銷售活動，投資人存入資金後，可獲得足以反映其投資金額的代幣。

投資人使用這些代幣的方式受規則約束，例如與代幣相關的既得期間（**vesting period**）有多長，以及代幣能否用於投票之類的治理工作（可透過智慧合約利用電腦程式定義投票機制）。

NFT（non-fungible token，非同質化代幣）

截至目前，我們介紹的代幣都屬於同質化代幣，這些代幣可以互換，就像一張一美元紙鈔可以換成另一張一美元鈔票。若以公司股份的概念來解釋，則是股份屬於相同類別的情況下，不同股東持有的股份並無二致。

但要是想以數位的方式突顯獨特性呢？事實上，雖然同面額的不同紙鈔具有相同的價值，不過區別每張鈔票的流水號並不相同；即便作品出自同一位藝術家，每件作品也會有所差異。從這個角度來看，資產可以獨一無二（非同質化），另一種重要的代幣類型於是誕生。

如同之前的ERC-20代幣標準，於二〇一七年九月首度提出的以太坊改良提案ERC-721為此拉開序幕[31]，接著在此基礎上，確立了持有獨特、非同質化代幣的標準化方式。就像前述的代幣標準一樣，這形同奠定了發展基礎，孕育出全新的數位資產類型。

不過這次的目的並非募資或創立公司，而是創造數位貓咪。

Dapper Labs創造的「謎戀貓」（CryptoKitties）[32]是第一個利用NFT獲致空前成功的商業案例。當時這款遊戲可說風靡一時，熱門程度甚至讓遊戲所在的以太坊網路開始堵塞。背後原理很簡單：先用智慧合約創造及餵養數位貓咪，每隻貓咪的特徵不一，稀有度不盡相同，玩家能以NFT的形式出售或購買。這些貓咪成了數位收藏品，在區塊鏈上的交易熱度突破天際。

很快地，其他類型的數位收藏品紛紛出現。代幣開始代表其他各種數位物件，像是頭像、藝術作品和虛擬世界中的各種物品。既然這類代幣可以收藏，各種交易平台也就應運而生，刊登及販售代幣都可在此完成。許多情況下，代幣易手之後，區塊鏈就會自動將權利金付給創作者，為藝術家提供新型態的收益流。

縱使NFT的發展途徑與同質化代幣大相逕庭，但所展現的影響力可說更為深遠。目前NFT已跨入主流的藝術圈，這個上看十億美元的市場在二〇二一年已開始獲得藝術界關注。

穩定幣（stablecoin）

如果你曾注意比特幣和以太幣等加密貨幣的行情，不難發現價格的變化相當劇烈，投資人的資產暴露於大起大落的風險之中。如果有意將這些網路廣泛用於各種用途，使這種技術成為生活中的常態，這種劇烈波動實非使用者所樂見。因此，一種稱為穩定幣的新數位資產概念出現了。

加密貨幣的價格由供給和需求決定，並無綁定任何標的資產。穩定幣是區塊鏈網路上的一種代幣，價格取決於其代表的基礎法定貨幣。這種代幣的價格不像加密貨幣那樣容易波動，通常由所代表的基礎資產作為儲備資產，支撐其價格。由於是區塊鏈平台上的一種代幣，因此使用方式與其他任何代幣無異，除了能存放於加密貨幣錢包中，也能像加密貨幣一樣使用。換句話說，現今區塊鏈上正在發生各種規模更大的金融創新，穩定幣無疑能享受到創新的成果。

Tether發行的泰達幣（USDT）和Circle的USDC是最廣泛使用的兩種穩定幣，目前區塊鏈上流通的市值總額超過六百五十億美元[33]。

新的金融基礎設施

以代幣在區塊鏈網路上代表法定貨幣（例如美元和歐元），是目前為了連通金融體系和去中心化網路所採取的機制。不過，使用智慧合約在區塊鏈網路上建構新型態的DeFi基礎設施，才是目前真正的改變所在。相對於現今世界上的金融基礎設施，DeFi不太需要現有體系所仰賴的中介機構。

稍早曾談過如何以類似DAO投票機制為基礎，使用智慧合約創造投資工具。藉由這種自治模式，智慧合約可運用至其他金融用途，例如匯兌金融資產。

DeFi的強大之處不僅止於具有簡化既有基礎設施的潛力，更能打造更公正、更透明、更平等且人人都能使用的金融體系。目前的金融體制大多對有錢的使用者有利，可能是個人、大型組織或銀行。受惠於規模經濟等因素，這些使用者往往能適用不同規範，取得一般人無法接觸到的金融產品。

智慧合約和區塊鏈網路不在意使用者的身分或所在位置，對所有使用者一視同仁。任何人只要能連上網路，並在這個體系內投入些許資金，就能正常使用。如同區塊鏈網路上付款的金額或地理位置不會影響付款的成本，個人投注到DeFi應用程式的資金多寡也不會左右其能獲得的報酬。這為全球的金融提供更公平的競爭環境，是前所未見的創舉。

去中心化交易

買入或賣出某家企業的股票時，我們通常會透過券商來交易，接著券商再經由證券交易所（例如倫敦證券交易所）促成金錢和股票之間的兌換。這個過程的背後，則是由結算所（clearing house）負責結算基礎交易及交割。

目前已有類似的基礎設施可供交易加密貨幣和代幣，這類交易所創立的目的只限於購買及出售這些資產，然而與傳統證券交易所不同的是，持有所交易加密資產的錢包只存在於交易所的基礎設施上，全球前兩大交易所以幣安（Binance）和比特幣基地（Coinbase）為代表。這種集中式作法有助於更廣大的群眾交易加密資產，但依舊得承擔由單一實體代替使用者保管資產的集中化隱憂或交易對手風險（counterparty risk）。

有鑑於集中式交易是區塊鏈起初預設要解決的問題，更廣大的社群成員希望看見區塊鏈以完全去中心化的方式支援資產的交易過程，因此對集中式交易所的嘲諷並不罕見。於是，DEX（decentralised exchange，去中心化交易所）的概念誕生了。

在集中式交易所中，交易帳本記錄參與者準備買入或賣出資產的價格。在成功撮合買賣雙方（或交易取消）前，訂單會持續保留於交易帳本中。之所以可以這麼做，是因為交易所擁有交易雙方的資料，瞭解買方有能力在買入資產時履行付費的義務，或賣方確實持有他們所要賣出的資產。交易所一般會有做市商（market maker）提供流動性，確保隨時都有市場可以買賣特定資產，也就是說，資產的市場是由他們所創造。

在DEX中，資產交易程序是利用智慧合約來推動，由智慧合約擔任AMM（automated market maker，自動做市商）的角色，相當於區塊鏈上的證券商。

AMM利用智慧合約將你想交易的各種資產分組或匯聚成「池」，資產可以是穩定幣、其他代幣或加密貨幣。買方可拿池子中支援的任一資產，換成想要的其他任何資產。這個池子稱為「流動性池」（liquidity pool），能在交易所中為參與者提供所存放加密資產的流動性。交易資產的使用者換到其他類型的資產，這個交易過程會透過AMM來執行。由此來看，去中心化交易的機制還是跟傳統的集中式交易有所不同。

左頁下圖顯示以美元（USD）購買以太幣（ETH）的交易帳本。左側是買方買入某數量以太幣所願意支付的美元金額，右側是賣方願意出售的價格。兩者之間的差距稱為價差。當買賣雙方的出價達成一致，交易程序就會隨即啟動，完成買方所需數量資產的交易作業。

在這種傳統類型的交易所中，公司或個人都能擔任做市商的角色，以不同價格下單買賣資產，為市場創造更大的流動性。

去中心化交易所無法掌握使用者的身分，因為根本沒有類似證券交易的開戶程序，因此加密資產的交換必須經由流動性池在單一交易中發生。流動性池中每種資產的比例可決定基礎交易價格，投資人在池中以一定的比例移入或移出資產，維持資產價格平衡，使其與其他集中式和去中心化交易所保持一致。

以太幣／美元

買方		賣方	
數量	價格	價格	數量
1	1,999.99	2,000.00	5
8	1,997.86	2,001.96	7
11	1,996.32	2,002.17	25

價差 = 0.01美元

傳統集中式交易所交易帳本

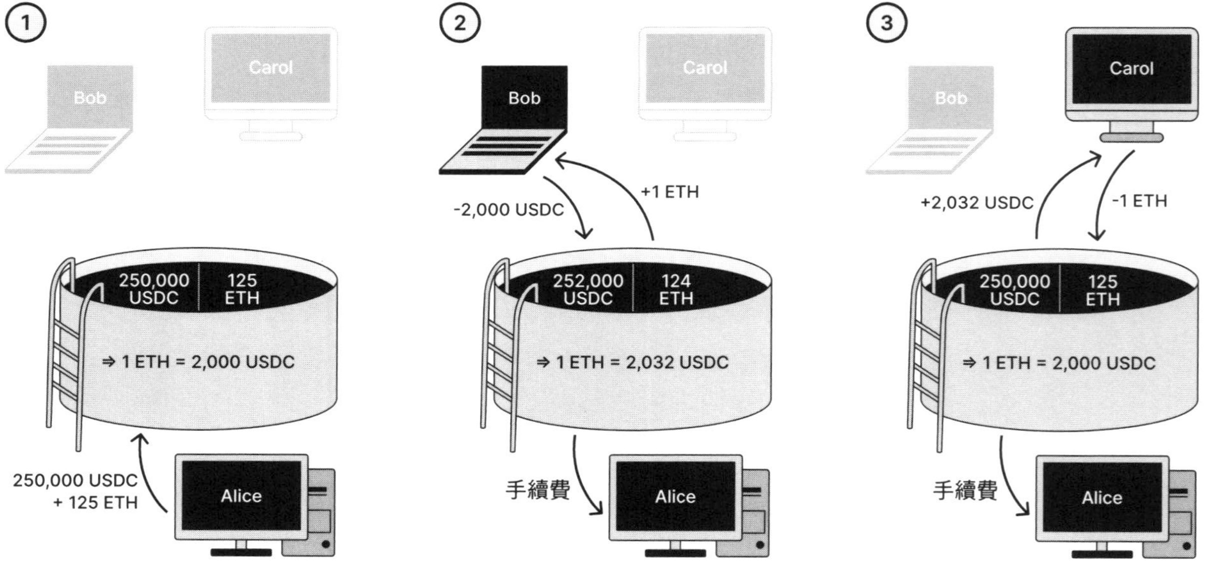
1
Bob
Carol
250,000 USDC
125 ETH
⇒ 1 ETH = 2,000 USDC
250,000 USDC
+ 125 ETH
Alice
2
Bob
Carol
-2,000 USDC
+1 ETH
252,000 USDC
124 ETH
⇒ 1 ETH = 2,032 USDC
手續費
Alice
3
Bob
Carol
+2,032 USDC
-1 ETH
250,000 USDC
125 ETH
⇒ 1 ETH = 2,000 USDC
手續費
Alice

透過流動性池交易

右圖說明穩定幣USDC和以太幣流動性池的運作方式。這個池子由Alice（流動性提供者）建立，她將USDC和以太幣存入智慧合約，建立了流動性池。

接著，Bob和Carol分別與流動性池交易，前者用USDC換回以太幣，後者拿以太幣兌換USDC。這裡需要注意的是，Bob的交易影響了USDC和以太幣的比例，進而左右了Carol交易的以太幣價格。

Alice建立這個池子時，她擁有的USDC和以太幣數量是由池中的交易活動所決定，這並非她能控制。當池子中資產的比例變動劇烈，她需承受的可能風險稱為無常損失（impermanent loss）。為了鼓勵Alice這樣的流動性提供者將資金投入池子中，每當有交易發生，她就能收到一筆手續費。

Uniswap是率先採用這種機制的DEX之一，使用者可在以太坊上交易資產，例如使用其他代幣和穩定幣換取以太幣，後來其他區塊鏈網路也仿效這種作法。

去中心化借貸與流動性挖礦

大抵就像過去五十年間主流金融業不斷推動金融創新一樣（雖然很多人會提出異議，認為實際上並非總是帶來益處），隨著DeFi產業蓬勃發展，參與其中的企業家、開發人員和民間公司正在尋找更細膩的方式，為投資人（以及希冀報酬率高於傳統金融投資的人）創造收益。

除了DEX，區塊鏈上還興起去中心化借貸平台，允許個人將所持有的加密貨幣或代幣借貸給他人，從中賺取利息。借方獲得的報酬可以是多種形式或不同形式的組合，可能是原本借出的資產類型、平台營運商創造的代幣，或是其他加密貨幣。

另一方面，貸方需提供與所借資產相同（時常是超過）價值的抵押品。畢竟，借方透過公開的去中心化平台出借資產時，不會有KYC（know your customer，實名認證）之類的審查程序[34]，因此貸方有必要事前提出抵押品，而且幾乎都得超額擔保。你或許會問，為什麼要借這些資產呢？可能的原因包括：借來的資產可能創造比自有資產更高的收益、提高資產槓桿，或透過更有利於節稅的方式獲取未實現收益。

流動性礦工（yield farmer）會密切關注各個DeFi平台，尋找其數位資產創造最大報酬的契機，跨多個智慧合約建立起綿密的交易體系。甚至還有一些更新奇的創新，像是閃電貸（flash loan）讓無抵押加密資產貸款更為容易[35]，而收益聚合器（yield aggregator）則幫助礦工將利潤最大化。不過我們暫且就此打住，先不深入探究。

ICO 2.0

隨著DeFi不斷演進，專案募資的方式一樣有所改變。除了ＳＴＯ之外，也出現ＩＥＯ（initial exchange offering，首次交易所發行）的方式，由專案與既有的加密貨幣交易所合作發行其使用的代幣，藉此籌募資金。這不一定是最好的方式，因為交易所營運方時常會收取可觀的服務費，而且如果交易所一開始就答應合作，代幣通常只會由一家交易所獨家買賣。不過，交易所能觸及的潛在投資人為數龐大，即使需要有所妥協往往還是值得。

更近期還有專案透過ＩＤＯ（initial DEX offering，首次ＤＥＸ發行）募資的案例。ＩＤＯ會在去中心化交易所建立流動性池，開放所有人投資其發行的代幣，讓投資人公平競爭。但這種作法無法阻止精明的投資人搶先取得絕大部分的代幣，並非毫無缺點。也因此採取ＩＤＯ的平台已開始建立Launchpad投資池，限制每個人在同一個代幣發行專案中投入的資金，打造更公平的募資程序。

DeFi總鎖倉價值（TVL）在過去12個月的成長情形（資料來源：www.coingecko.com）[36]

如同DeFi的其他領域一樣，創新的速度是以月來計量，而非以年為單位，上述例子只是第一種促成一千億美元市場的DeFi應用類型，而且這個市場仍在持續成長[36]。

去中心化身分

如果每次註冊新的網路平台或服務時不必反覆提供個人資訊，該有多好？目前註冊各種服務的方式似乎可以區分為兩大類：

1 提供電子郵件、姓名，以及電話、出生日期、地址、母親姓氏、第一隻寵物的名字、信用卡資料、備用電子信箱、護照掃描檔、駕照掃描檔、銀行存摺、水電帳單……等其中幾項資訊／文件。

2 由Google、Facebook、Twitter等平台代替你分享這些個人資料，省下重新輸入的時間。

總是會有幾項服務遭到駭客攻擊，如果你很幸運，你的電子信箱頂多被加進幾個垃圾郵件通訊名單[37]；如果倒霉一點，則會收到通知，得知有人已開始冒用你的身分。遇到這種狀況，還真的需要些好運，來說服每個你曾使用過的網路服務商，請他們變更你留存的個人資訊。

就現況而言，網路服務基本上相當破碎。每當個人或企業註冊網路服務，就需一再建立網路身分。每項服務各自留存使用者的身分資料，不僅使用者在註冊時曠日廢時，加上填寫表單時難免犯錯，更導致資料品質受到影響。此外，使用者也無從得知服務商究竟如何維護資料安全。

或許你選擇由社群媒體服務代表你註冊，這樣簡單點了吧？但你真的希望這些服務在原本所屬的體系之外，額外掌握越來越多你在網路上所作所為的相關資訊嗎？聰明人都知道，當服務免費供你使用的時候，你就會變成產品。當你透過社群媒體登入任何服務時，這個道理更是顯而易見：社群媒體幫你省下在網路服務中輸入個人資料的麻煩，而他們所獲得的回報，就是可以知道你在使用哪項服務，以及使用服務的時間，成交。

網路世界中對於身分並沒有一個標準概念，只有少數幾個國家支持貨真價實的電子身分[38]。我們似乎注定得不斷地向更多網路服務提供個人資訊，並持續收到無數的垃圾郵件[39]，或放任社群媒體平台瞭解更多我們在網路上的使用習慣。

去中心化是另一種替代選擇。要是可以在區塊鏈上註冊個人資訊，與第三方交易時，只需提供最少的必要資料，聽起來是不是很棒？

在實體店面，店員藉由個人特徵辨識每一個人，你不需要證明自己的身分就能購買商品，除非你出示信用卡時舉止可疑。使用絕大多數的網路服務時，商家也不應要求你提出身分證明。

DID（decentralized identity，去中心化身分）的概念在網路社群和企業界的熱門程度已大幅提升，全球資訊網協會為去中心化身分識別碼建立了一套標準[40]，類似現已廣為運用的網際網路標準，例如HTTP通訊協定和HTML程式碼。

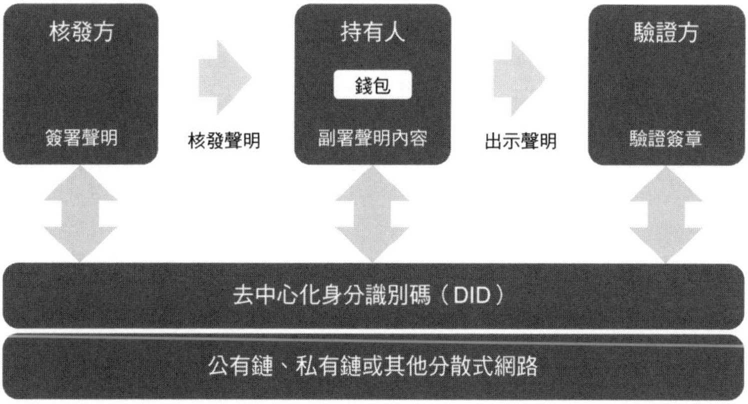

DID促成數位簽署的可驗證聲明（資料來源：Drummond Reed）[41]

這個概念也獲得了去中心化身分基金會（Decentralised Identity Foundation）和其他各種產業團體的支持。

可驗證憑證（verifiable credential）是DID的核心原則之一，由受信任的實體所核發。憑證綁定於區塊鏈上建立的去中心化識別碼，並與加密金鑰相互連結。持有人可將憑證遞交另一方，由對方驗證憑證以密碼所傳遞的聲明。因此，在區塊鏈的確保下，憑證的真實性無庸置疑。

舉個例子，政府機關核發一張可驗證的憑證給你，證明你能合法駕駛特定種類的交通工具。你可以拿著這張憑證到租車公司，對方透過密碼學的方式確認你提供的可驗證聲明與你的去中心化身分識別碼相符，而且該憑證是透過已知的政府機關去中心化識別碼完成簽署。

有別於先前所談的許多創新，這些以DID機制為基礎的應用方式正在重新建構數位公民的定義。這個生態系不像加密貨幣和DeFi，較不著重於針對現況推動新的替代方案，而是偏向結合既有的體制，予以提升，具體而言就是設法將區塊鏈和現有服務千萬名、甚至上億名使用者的平台連結起來，同時建立一套新標準，以使用者的隱私權和資料掌控能力為核心，不像Web2.0一樣只能事後設法亡羊補牢。

區塊鏈迷思：第三方或中介機構可提供與區塊鏈相同的服務

第三方或中介機構時常扮演各組織之間的橋樑，協助雙方完成交易。票據交換所清算金融交易就是一個例子。中介機構的問題在於，他們通常都有各自的整合系統，內部服務的履行方式也不夠透明，也就是說，使用者必須無條件信任中介組織。相對之下，區塊鏈提供所有參與者共通的通訊協定，使其能在網路上彼此溝通。去中心化應用程式在本質上就相當透明，憑藉以加密的證明維持交易完整，確保參與者能完全掌握證明的邏輯程式，進而能毫無疑慮地信任區塊鏈。

重點摘要

目前已可看到幾種以區塊鏈和加密貨幣為基礎發展而成的創新。

數位代幣就是其中一種重要創新，功用包括：

- 利用功能型代幣或證券型代幣，透過ICO籌募區塊鏈專案和通訊協定的資金。
- 以NFT的形式創作數位收藏品。

這些代幣背後支援的智慧合約也另外促成了其他創新，包括：

- 分散式自治組織
- DeFi，包含穩定幣、去中心化借貸平台和交易所
- 可驗證憑證（在此基礎上，去中心化身分識別技術得以興起）

05 為何二〇二一年得以成為二十一世紀的開端

新冠肺炎為社群和經濟帶來慘痛的衝擊，不僅迫使世人改變工作方式，有些從十九世紀到二十世紀初第二次工業革命便奉行至今的實務模式，也不得不就此敲響喪鐘。

二十世紀中葉，知識經濟興起，人們通勤到辦公室上班，靠智力推動經濟和社會發展。電腦和網際網路提供了更多機會，除了使知識經濟的影響規模日益擴大，也帶來更多工作上的彈性，但這個過程是循序漸進的變化，並非一朝一夕就完成。除了龐大的網際網路泡沫和千禧蟲危機之外，二十世紀過渡到二十一世紀後，現況並沒太多改變。

二〇一九年底新冠肺炎疫情爆發，世界遭逢劇變。到了二〇二〇年中，全球大部分國家紛紛關閉國境，推行封城政策，因應突如其來的疫情。能夠遠距工作的人開始過起在家上班的生活，數之不盡的組織和個人被迫改變日常生活方式。所有人的生活或維持生計的模式彷彿經歷巨大重啟，加速世界投入數位技術的懷抱，原本預計五到十年後才會出現的改變，幾乎可說在一夕之間轉瞬發生。

儘管幾家歡樂幾家愁，數位技術所促成的全新工作模式迅速竄起，使許多長久以來依循的工作方式不得不畫下句點。於是世界一步步演變成現在的樣貌——二十一世紀總算真正揭開序幕，幾股超出我們掌控範圍的破壞力已然永遠改變了現狀，由AI、區塊鏈、物聯網和5G等技術準備接手引領人類邁向未來。

實體和數位的平行世界

在網際網路的推波助瀾之下，「數位公民」（digital citizen）成了一種新型態的存在。數位公民在網路上聚集，自成網路部落，與世界各地形形色色的人開始互動及交流，因而得以原本在真實生活中不可能做到的方式活躍及發展。

造就這種現象的原因不一，有些人在廣大的社會中格格不入，難以在真實世界中與人建立關係；有些人則因為喜歡的興趣使他們自成一格，導致他們找不到一樣充滿熱忱的對象互動。不管背後的動機為何，網路世界確實帶來了改變，人們可以擁有多種身分，在真實生活和數位世界中以不同的面貌示人。

隨著科技推陳出新，功能日益強大，網路世界也更加令人驚豔，從最早的電子布告欄、聊天室、文字類型遊戲，到《魔獸世界》（*World of Warcraft*）和《要塞英雄》（*Fortnite*）等讓人彷彿置身虛擬世界的體驗，乃至需仰賴高速網路的影片，眾多使用者拿起智慧型手機就能觀看。

此外，也有數百萬人看中數量與日俱增的各種平台，設法運用他們在網路世界的「分身」謀生（一個人的聲量或意見可以藉由這些平台有效放大或傳播），或尋找新方法來創造更多商業價值。

無論這些網路公民身在何方，在真實世界中全都受制於相同的限制，也就是現實世界中以地理為依歸的貨幣系統和法律體系，各個政府和社會都是在這些根基上運作。

去中心化技術催生了貨幣系統和服務之後，徹底成為數位公民的機會隨之浮現。使用者可選擇把加密貨幣作為主要的貨幣系統，其具有眾所皆知的透明化治理模式，即便那些掌權人士在一念之間決定走向通貨膨脹或通貨緊縮，也不會受到影響。

只要能在智慧合約中編寫程式，立定數位公民需遵守的各項規則，最終就能形成數位世界的執法依據，支援全面的身分數位化。現實世界中哪個地方能完全支持這樣的數位化創新，讓渴望數位世界的人能找到安身立命之處，還有待觀察，儘管如此，還是需要先有相關稅法，確保政府能課徵到推動服務所需的稅收。不過，未來可能會有更多自由主義者（或許還有企業）支持這樣的社會制度。二〇二一年，薩爾瓦多率先賦予比特幣法定貨幣的地位，開全球先河。

這種不受人為干涉、自主運作的世界何時才可能實現，至今依然只能空想，但光是想到這種新型態的去中心化技術可以造就怎樣的未來，就足以令人沉醉。

新興的虛擬國家

新冠肺炎肆虐全球的這段期間，加密貨幣和區塊鏈技術可說是最大贏家。大量資金湧入比特幣、以太幣和其他數位貨幣，來源不只有個人，還有大型機構。

微策略（MicroStrategy）、Square、特斯拉等企業已持有龐大的加密貨幣部位，其他公司則已開始設法因應客戶急遽增加的需求。

雖然數位資產的成長力道顯著，多半可能是因為投機者的數量與日俱增，越來越多人想在這種資產類別中分一杯羹，但疫情時期絕大多數的知識工作者在家工作，享有工作模式上的彈性，因而有機會深入認識加密貨幣和區塊鏈。還有另一種關於虛擬國家和公民的說法可能趁勢而起。網路世界的公民日漸相信，加密貨幣和區塊鏈技術長期下來可能真的可行，進而成為他們在社會中立足的基石。

比特幣和數位現金較早期的發展大多以自由主義運動的形式推動，吸引到的群眾時常擁有較激進的思維。在支持者的光譜中，一端是反國家和反政府人士，另一端則較為溫和，訴求著重於隱私權和個人對自身網路行為的主控權。二〇〇八年的全球金融危機觸發由國家政府主導的大規模紓困行動，不僅利率跌到歷史新低，政府更透過量化寬鬆措施刺激經濟。起初正是為了抗衡這樣的時空背景，比特幣於二〇〇九年問世。除了這些訴求之外，數位自由主義者的目光也開始轉向去中心化貨幣的概念——不僅政府無法介入控制，也不會受政治人物和中央銀行的意念所左右。

如同二〇〇八年讓市井小民度日如年，即使預算赤字不斷攀升，許多西方經濟體仍設法力挽狂瀾。跨入二〇二〇年之際，雖然傳出中國爆發病毒的耳語，但全球大致上還是一片平靜。到了二〇二〇年第一季，新冠肺炎開始遍地爆發，全球政府陸續採取程度不一的因應措施，企業則是開始關閉辦公室，把知識工作者一批一批送回家裡上班。

接下來幾個月，人們開始適應封城的生活，不過每個人面臨的情況南轅北轍。家長只能待在家，原本早就忙碌不堪的日子變得更加焦頭爛額，必須在照顧小孩、在家學習和處理公事之間取得平衡；年輕人和沒有額外照護責任的上班族，則困在家中閒到發慌，平白多出太多時間讓他們不知所措。

多出額外的空閒時間，以及能在沒人監督的情況下工作，這兩項條件加總起來，形同為某些早已雄心勃勃的人添柴加薪，促使其尋找更多獲利管道。二〇〇〇年代網路泡沫破裂之前，股市散戶為了快速獲利而興起當沖交易和投機的風氣，以往只有券商擁有的精密交易工具，散戶也開始能在家輕鬆使用。因此龐大資金湧入股市，有些人獲得豐碩報酬，但許多人損失的資金也同樣可觀。現在回頭看，我們都知道最後的發展，但由於網路泡沫主要衝擊西方經濟體，與這波區塊鏈浪潮之間有幾個重大差異：那時中國尚未展現如今的經濟強國姿態，而以前貴為全球矚目的經濟大國日本，還依然在一九九〇年代以降失落的十年中蹣跚。

二十年後，情況已大不相同。網路泡沫的幾項特徵已經浮現。市場上可見新型態的投機散戶，不過這次他們擁有更多時間、更精準的工具和更低的交易成本，而且他們不僅涉足傳統股市，也交易起加密貨幣。許多人說大泡沫來了，但有幾個值得探究的現象，使我深信這次的情形的確不同，世界即將歷經一些重大變化（或許從崩潰瓦解後的土石堆中萌生新的契機，但也可能不會）。

政府赤字已達到疫情前沒人預想得到的驚人數字，遺憾的是，我們還無從得知，這些緊急貨幣政策和應急舉措未來將會如何退場。可以確定的是，支撐政府措施的法定貨幣短時間內不會增值，因此我們才會轉而關注本書聚焦的重要主題：數位資產和加密貨幣構築而成的國度。

新冠肺炎是推動變化的催化劑，使許多人對加密貨幣的看法從此改弦易轍。

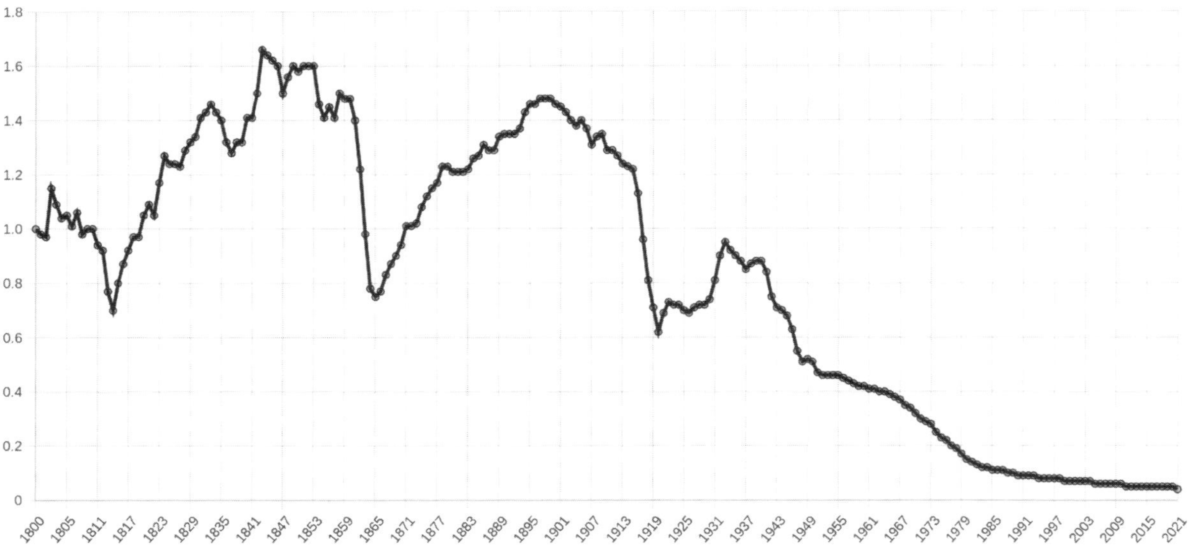

一美元在各時期的購買力；從一八〇〇年到二〇二一年，美元呈現逐漸走弱的趨勢

（資料來源：www.officialdata.org）[42]

前幾個循環週期中，加密貨幣的價值曾經巨幅上漲，而後崩盤。二〇二〇年底之前，最後一次的榮景發生於二〇一七年，當時ＩＣＯ正在浪頭上，帶動加密貨幣強勁成長。一家家公司相繼成立，背後只有一份白皮書概述公司預計如何使用去中心化技術，打破產業的既有窠臼。在迅速致富的保證下，市場對這類專案的需求大增，投資人前仆後繼地參與ＩＣＯ。源自以太坊區塊鏈平台的數位代幣化技術（相關說明請參閱前一節）可說是推波助瀾的主要助力。

事實上，任何人都能在平台上創造專屬代幣，以代表某種標的物的部分所有權，該標的物可以是另一種貨幣、集點活動的點數，以及ＩＣＯ的功能型代幣。

這股欣欣向榮的趨勢在二〇一七年並未圓滿落幕。起初，比特幣和以太幣大漲（以太坊網路是這波ＩＣＯ狂熱的技術支援來源，以太幣則是以太坊的原生數位貨幣）。專案和推動ＩＣＯ的公司數量大幅增加，但從投資的角度來看，許多都落入後繼無力的下場。最終，專案代幣的價值遠低於預期，甚至毫無價值，有些專案因為運氣不好或涉嫌詐騙而告終，有些則持續深陷於黯淡無光的窘境，徒留投資人對其技術面提出質疑。

那時加密貨幣和ＩＣＯ市場的投機行為是加密貨幣暴漲的主要推力，這次雖然還是多少有點投機風氣，但情勢已然不同，而且影響範圍超過以往太多。

首先，比特幣是數位黃金的說法廣為流行，由於比特幣稀有且供應量有限，促使越來越多人買入持有。許多人把數位黃金視為對抗通膨的避險資產，就像實體黃金一樣。隨著越來越多人開始正視比特幣和其他數位資產的價值，這樣的觀點獲得進一步強化，進而吸引更多人認同。

Z世代[43]是仰賴行動裝置的世代，比起需要挖掘的實體黃金往往伴隨著安全、運輸及分割等種種棘手難題，數位貨幣的概念無疑更貼近他們。雖然比特幣在這些方面一樣面臨某種程度上的問題，但其數位本質確實讓事情較為簡單。

許多顛覆現況的金融科技企業看見年輕世代的需求，陸續擁抱數位貨幣，讓使用者可以像交易任何傳統證券一般，透過簡明易懂的方式接觸這種資產類別。

我們看到基金經理人、理專客戶和投資銀行的客戶都更加關注這類資產所產生的報酬，希望能增加持有。因此，大型金融機構競相提供相關的金融產品（例如灰度〔Greyscale〕等企業成立數位資產投資信託），以滿足日益擴大的市場需求，進而創造越來越龐大的機構利益。

一直以來，全球的監管機關無不努力設法跟上創新的腳步，縱使有些地方採取較極端的作法，禁止持有加密資產，但在較為溫和的司法體制中，主管機構則立法確保投資人從這類資產中獲得的報酬，應與其他可投資的資產一樣遵守相同規定。

在強盛需求難以滿足的時空背景下，加密貨幣交易所已提供更穩定的入金管道，再加上立法機關廣泛支持，使資產和基底的技術得以蓬勃發展到前所未見的水準。

隨著越來越多人接觸並開始瞭解這些資產，世人勢必也會探索這些資產的其他運用方式。DeFi帶來創新之餘，也開闢出獲取新型態收益的途徑，必定會吸引更多人參與、鼓勵交易所建構進入去中心化生態系的便利通道，並在這些創新事件所在的區塊鏈中，進一步強化其網路效應。

不過，加密資產並非投資人趨之若鶩的唯一理由。透過NFT所創造出來的數位收藏品和藝術，更進一步擴大了區塊鏈技術的影響力，促使好奇的投資人尋求新的方式參與這些生態系，並從中創造價值。

不僅如此，隨著組織相繼投資區塊鏈，藉此簡化供應鏈、將實體資產數位化、減少或甚至去除價值鏈中牽涉到的中介機構，發展的可能性越來越多。先是主流社會逐漸接納加密貨幣，後來區塊鏈成為網際網路新的基礎構層，在在都推著我們往真正去中心化的虛擬國家邁進。

而對於目前免費的網路平台讓使用者淪為產品，去中心化身分亦有望解決包含這方面的許多問題。

為何現在是合適時機

或許本節討論的某些內容看似遙不可及，或因為掌權者需要放棄某些控制的權力，而使你認為這一切不可能成真。這裡的重點不是要說服你走上某條明確的道路，而是要讓你意識到，這項技術早已促使某些事情發生，進而挑戰你看待未來可能樣貌的既有想法。

有些人認為區塊鏈不過是非主流的技術，尚無法成為主流。不過，既然你都讀到了這裡，我想你大概不屬於這一類人。儘管如此，你可能不確定現在是否適合深入研究這個領域，探索其發展可能。別擔心，我會提供你所需的一切，確保你能妥善利用這項技術，創造對事業有利的優勢。我也會談到如何說服重要的利害關係人，告訴他們現在就是合適的時機。最重要的是，我提出的作法不會讓你掉入沉沒成本謬誤（sunk-cost fallacy）之中，許多專案都是在耗盡所能使用的所有資源之後，因為沒辦法放棄沉沒成本而以失敗收場。

重點摘要

新冠肺炎肆虐全球，但加密貨幣和區塊鏈技術可說是疫情期間的最大贏家。不管是投入這項技術的資金，還是實際採用的情況，均已大幅增加。

疫情期間，DeFi和NFT的成長顯著，雙雙強化區塊鏈的網路效應。

除此之外，去中心化身分之類的創新將能協助我們擺脫Web2.0平台讓使用者淪為產品的問題。

PART 2

啟程

邁出步伐才能抵達新的目的地，發現新的機會，才有辦法轉型。

技術帶來的顛覆力量越強，前往目的地的過程就越饒富興味。

第二章將會探討區塊鏈創新的必經歷程，並為你指出正確道路，確保你能順利抵達所渴望的目的地。

06 區塊鏈創新之旅

至此，我們已談過幾個基本概念，並從較廣闊的視角切入區塊鏈和DLT技術。你或許會想：「聽起來很棒，但該如何運用到我的事業？我們可沒有充足的資本，推出那些採取去中心化治理架構的去中心化應用程式，或馬上利用加密貨幣籌募新專案所需的資金。我們以穩定的表現廣獲業界好評，除了有客戶需要服務，每一季也有業務目標需要達成，好讓股東滿意。」

你的想法當然沒錯。有些基本要素是你的事業得以不斷成長的必要條件，勢必不能一下子就全部割捨，冒著風險百分之百投入區塊鏈。

但至少你得瞭解競爭對手在朝哪個方向努力、你的企業可以有哪些發展可能，以及這能如何協助你改變現狀。對此，下文會深入說明你能有哪些作為，不過首先，探討你能採取什麼較廣泛的框架來認識區塊鏈技術，也很重要。

由於區塊鏈和去中心化技術的本質是顛覆現狀，因此一開始需藉助稍微有點不同的方法，從威脅和機會等面向評估這些技術對你的事業可能造成哪些影響，再從而瞭解如何運用在組織中。一旦你確立適當的目的地，通往終點的路途就不會那麼崎嶇。

區塊鏈創新之旅可分為三個截然不同的階段，能支持你從構思一路走到平台上線，全面為客戶提供支援。這些階段概述如下。

三個階段

第一階段：探索

探索階段由兩個步驟組成。首先是找到這類技術能在哪些地方為你的事業帶來最大價值，一旦確立可能的目標，就能進入概念驗證（proof of concept）或原型設計。透過這個階段，你能有機會理解及確認在組織的背景環境中可以落實哪些事項，以及隨之而來的好處。

此階段的重要收穫，是能確定哪些探索成果值得推進到下一階段。

第二階段：設計

找到並確定潛在機會後，就能進入第二階段，深入探索如何利用前一階段的成果，打造出最小可行性產品（minimum viable product），來支援業務目標。

在此階段中，你不僅需要專心立定產品需求，還需盡力博取利害關係人的支持，並吸引潛在客戶儘早採納你的產品。此外，你也需要思考治理等其他面向的議題，因為區塊鏈應用程式有其獨特的困難和挑戰。

同時，你還需要周全的上市策略來支援推出產品的整個過程。

第三階段：部署

最後一個階段是整合所有規畫和執行成果，在市場上順利推出新產品。各組織的實務作法不盡相同，但此階段就是正式推出產品，讓客戶真正實際使用。

產品會隨時間演進持續改善，但在此階段，你應如同使用其他業務應用程式一樣看待新產品，使其能開始解決你在展開這段旅程之初所希望克服的問題。

目的地改變怎麼辦？

藉由這套作法，你能在過程中越來越聚焦於想做的事。你從宏觀的角度開始思考自家業務，以此確立哪些領域可能為你帶來最大回報，值得你全心投入。接著，你縮小範圍找到更明確的機會，與事實和想法（探索）兩相驗證，如果順利的話，就能開始在這些初步的成果之上繼續發展，隨著你更加確定自己走在正確的道路上，而逐漸投注更多資源（設計）。之後，當一切水到渠成，具體價值開始顯現，你就會獲得更多人支持，反對的聲音逐漸減少。

切勿一開始就孤注一擲，建議你一步步累積力量，等到獲得客戶實際的認同後，再把產品推進到上市環節（部署）。

不妨把這想成規劃旅遊行程。先確定旅程的目標（問題或機會），像是要不要從事特定活動（例如雙板滑雪或單板滑雪），或是只想曬曬冬日的暖陽？看過各種不同的選擇後，你開始找到適合你去的國家或地區，並在做功課的過程中逐漸縮小行程範圍。

接著，你開始研究想去的城鎮或度假村，以及到達那裡的交通方式，逐一安排這趟旅途的細節。不過一切尚未定案，在你準備付機票費及住宿和當地活動的訂金之前，所有細節依然可以隨意調整。

最後當所有事情都確定之後，只需倒數迎接假期到來即可。為了抵達目的地，你做了很多功課和安排，或許還事先自我訓練了一番，以便到時體驗預計從事的活動時可以儘快上手。你來到不熟悉的地方，舉目所及全是新的人事物，但心中早已做好擁抱改變的準備，因為在踏上這趟冒險之前，你已花了大把時間親自準備及規劃。

接下來的章節將會逐一詳述各個階段，提供你所需的許多資源，協助你進入區塊鏈技術的世界，盡量提高成功的機會。

如果你早就精通推動技術專案的一切，尤其擅長處理新興技術，接下來四節的某些片段對你來說可能已經相當熟悉，如果你想的話可以直接跳過。不過，後續會概略提到區塊鏈需要特別留意的地方，建議別跳過這些內容。

重點摘要

區塊鏈創新之旅分為三個階段：

- 首先是探索階段，此時你應識別合適機會，並展開概念驗證或原型設計。
- 接著進入設計階段，此時你在第一階段成果的基礎上，建立最小可行性產品，以支援你的業務目標。
- 最後是部署階段，此時你的新產品上市，由客戶實際使用。

07 探索（一）

踏入第一階段「探索」時，務必挪出更多時間接觸區塊鏈和DLT的世界，以便能用心體會這些技術的發展速度有多快。

本節會提供各種方法，確保你能以正確的心態來做好萬全準備，為組織尋找合適機會。

以下內容將引導你奠定基礎，協助你展開探索之旅。

顛覆的力量

想創造足以顛覆現狀的產品，你必須屏除世俗的紛擾，不受周遭環境影響而分心。創新源自於創意，如果你無法轉動極富創意的腦袋，在釐清區塊鏈可為組織帶來哪些好處時，勢必會遭遇重重困難。

如果你想為自己的事業找到新機會、超越競爭對手，或解決組織內部困擾許久的某些技術問題，都必須跳脫舒適圈來找尋靈感，夠大膽才能揮灑創意。

當然，你或許隨時都有一堆事務需要考量，不可能為了更展現創意的一面，馬上棄這些事情於不顧，儘管如此，你還是可以有所作為，助自己一臂之力。

想想過去二十年來，這個世界出現了哪些驚人的創舉，例如Spotify和Netflix顛覆了聽音樂和看電視的方式。想像一下，如果你告訴一九九〇年代當時的人，到了二〇二〇年代後，只要每個月付十美元，就能聽到全世界大部分的歌曲，或是從影片庫中數不盡的電視影集和電影中任意挑選想看的影視內容，一定沒人會相信你。Spotify和Netflix不僅創新，更改變了遊戲規則，而這就是區塊鏈正在做的事。

因此，你必須將思維推入另一個平行宇宙，跳脫現實開始思考其他可能。幸運的是，在我們的世界中，你可以從很多地方汲取靈感，且參考數量勝過以往，而你只要夠自律，確實撥出足夠的時間好好思索各種可能，就能達到預期效果。

獲取靈感

靈感就像從視野之外突然飛來的板球。一看到球，你就知道附近有人在打板球，但你一開始並未看到球朝你而來。

讓我們把時光再次倒轉回到一九九〇年代，尋問當時的人可以怎麼提升聽音樂或看電視的體驗——大部分人都會希望內容更多元，有更多頻道可以選。當時的人若要想到如何快速提供所有內容的方法，想必要大幅突破既有的概念，但如今回頭來看，這其實是顯而易見的發展方向。最別開生面的想法和創新，就是因此才令人懾服——只要突然意識到，新的概念立刻昭然若揭。

那麼，最好要怎麼做才能靈感湧現呢？首先就從抽出些許時間，脫離每天一成不變的例行工作開始吧。每個人都有自己一套方法，但最可靠的方式之一是離開家裡或辦公室，外出走走。我時常聽podcast（書末提供一些相關資源，或許能帶給你些許想法），有時也會刻意任由心思馳騁，也許是靜下心來冥想。從事這些活動時，務必別讓手機或訊息通知害你分心。

此外，別只吸收與自身產業相關的內容，或只專注在區塊鏈上，這兩種作法都容易畫地自限。從核心專業以外的主題去搜尋，可能會在你尋找新機會時，為你帶來巨大的助益。跨領域探索有時能激發驚人的顛覆力量。賈伯斯（Steve Jobs）在二〇〇五年對史丹佛大學的畢業生演講時談到，他在大學時期的書法課上學到字體設計美學，使他日後得以為Ｍａｃ電腦設計出「漂亮的字體」。

也要試著擁有充足的睡眠。睡眠嚴重不足會減損大腦的執行功能，舉凡專注力、自我控制和創造力都是源自於此。如果你需要有力的論述才願意相信睡眠有多重要，請翻閱馬修・沃克（Matthew Walker）與這個主題相關的著作[44]。

要是還有一些急迫的事務盤據心頭，怎麼辦？有時你只是需要清空思緒，有些較激烈的運動可以為你帶來幫助。我自己是喜歡練習巴西柔術，對我來說，在安全的環境中為自己的生命奮鬥，最能體現活在當下的真諦。

疫情對日常生活造成許多限制，你不一定隨時都能選擇與人實際見面，但如果能深入不同人群或參加聚會或會議等活動，在過程中見識其他人和組織如何利用區塊鏈，或許是另一種很棒的靈感來源。

案例研究：區塊鏈活動

從二〇一七年七月開始，Web3 Labs每個月固定舉辦區塊鏈活動。頂尖的區塊鏈技術專家和商務人士在企業以太坊聯盟網路聚會（Enterprise Ethereum Alliance Virtual Meetup）齊聚一堂，聆聽引人入勝的演講，並與來自微軟（Microsoft）、Santander、ING等公司志同道合的從業人員認識及交流。這原本是在倫敦舉辦的現場活動，疫情爆發後，遠距工作型態使其演變成網路活動。

為確保大家仍然保有交流的機會，每場演講之間會開設小型網路聊天室，讓與會者有機會認識新朋友，拓展人脈。

你可以前往meetup.com/eea-london參加聚會。如要觀看先前活動的演講，則可觀看Web3 Labs的YouTube頻道：youtube.com/c/web3labs。

習慣在日常生活中抽空探尋靈感，將能幫助你打開心胸，接納新的可能。不僅大腦會在突觸（synapse）之間形成新的連結時分泌腦內啡，使你感覺美好，你也會開始體認過去十年間去中心化技術的巨大進展，明白為何這項技術會引發如此熱烈的討論。

我在書末的資源章節列了幾項推薦的免費podcast和影片，希望你能撥空聆聽或觀看。這些資源能幫你開拓視野，看見這個領域正在發生的一切。你或許會不自覺地花上許多時間研究，但相信我，這裡面樂趣無窮，還有些非常聰明的傑出人才正在設法解決幾項相當棘手的問題。

踏上探索之旅後，你勢必會遇到各種批評，但請謹記蒂塔・萬提斯（Dita von Teese）的話：「你可能是全世界最美味的桃子，但有些人就是不愛桃子。」

回頭去找問題的解決方案

也許你聽過有人形容區塊鏈是一個尋找問題的解決方案，或者像西奧多・李維特（Theodore Levitt）的名言所說：「人們想買的不是四分之一英吋的鑽頭，而是牆上四分之一英吋的那個孔。」

不是每一個人都知道自己手上那支鑽頭的用途，同時又受不同偏見所蒙蔽，無法看見潛在的可能。如果尋找解決現有問題的新方法不重要，或改善既有工具的使用不重要，那麼我們大概還困在某個在新石器時代的社會中[45]。

當你開始理解其中蘊藏的潛力，並懂得欣賞DeFi和NFT等先進領域的發展，你需要設法找到這與你事業之間的連結，挖掘潛在的意義。就像從一萬英呎的高空俯瞰時，感覺離地面相當遙遠，難以看見即將降落的位置，因此請開始思考你的組織現在面臨什麼挑戰和機會，同時也設想你可能會如何因應或把握。

並且務必找人合作。每次我向其他人說明腦中的想法，徵詢對方的意見時，總是能因雙方的看法差異而大感驚豔。找人一同腦力激盪，別傻傻地埋頭苦思。越早這麼做越好，以免心猿意馬而錯失重點。

如果你在組織中並非任職於負責創新的部門，建議找相關職位的同仁合作。他們可能已注意到區塊鏈和去中心化技術，必定有不少人願意與你攜手努力。這些同仁大概已為組織制定好創新流程，甚至還立定了查核要點並籌組委員會，比起由你孤軍奮戰，在他們的協助下推動新計畫勢必會簡單許多，或者也能指派團隊或任何一個人負責定期向你匯報。如果你遲遲無法找到適合的合作夥伴，不妨試著組個專門探討區塊鏈的特別小組，每個月固定集會一次，每次花一小時討論可把握的機會和最新發展概況。相信你很快就能找到志同道合的理想夥伴。

確定合作對象後，就能開始尋找與組織密切相關的潛在問題和機會。這通常可分成兩類：顯而易見的問題和不那麼明顯的問題。

顯而易見的問題

有些重大問題可能一再影響你的公司，近期內看不見解決的曙光。這些問題可分成以下類別：

- 服務可用性：
  - 集中式系統發生單點故障，例如身分管理和存取控管會影響主要服務。
- 資料品質與溯源：
  - 資料在各個獨立的存放位置之間不斷複製；從記錄系統導入的資料準確度使人懷疑。
  - 對其他事業單位或外部人員呈現或提報的資料不夠取信於人。
  - 組織各事業單位之間的協調容易破局。

- 中介機構：
  - 核心服務需仰賴多個中介機構。
  - 具交易性質的複雜商務流程通常橫跨多個內外部實體。
- 競爭壓力：
  - 競爭對手和敵對的同業率先創新而領先在前，而你無暇思考如何跟進，或根本無法迎頭趕上。
- 合規壓力：
  - 越來越多新法規需要遵守，形成沉重負擔。

較不明顯的問題或機會

檯面下同時也有某些你目前可能沒有時間思考的議題或潛在機會，包括：

- 去中心化機制取代社會所仰賴之中介機構的潛力。
- 現有實體資產數位化或數位資產。
- 消費者對加密貨幣的新興需求。
- 發行獨家或宣傳型NFT的機會。

- 去中心化身分方面的創新，消除對集中式身分管理解決方案的需求。
- 去中心化金融領域的創新，例如資產交易、保險和借貸。

我鼓勵你深入研究這些議題，瞭解越多越好。試著提高這幾個面向的優先順序，從中找到日益重要的共同主題或問題。

還有其他方法可以輔助你識別及找到不同的問題類別，值得一試：

- 腦力激盪或召開點子探索會議。
- 舉辦內部競賽或甚至有獎勵的駭客松（hackathon），藉以尋覓最棒的想法。
- 詢問客戶最棘手的痛點和困難。

最好能打造一部能產生想法的機器，而不是孤軍奮戰，閉門造車。

徹底推翻現狀

雖然很容易被誤認為威脅，但現有許多途徑都可能帶你找到截然不同的商機，因為去中心化徹底翻轉企業，區塊鏈為不同參與者之間架起信任的橋樑。這股力量相當驚人。

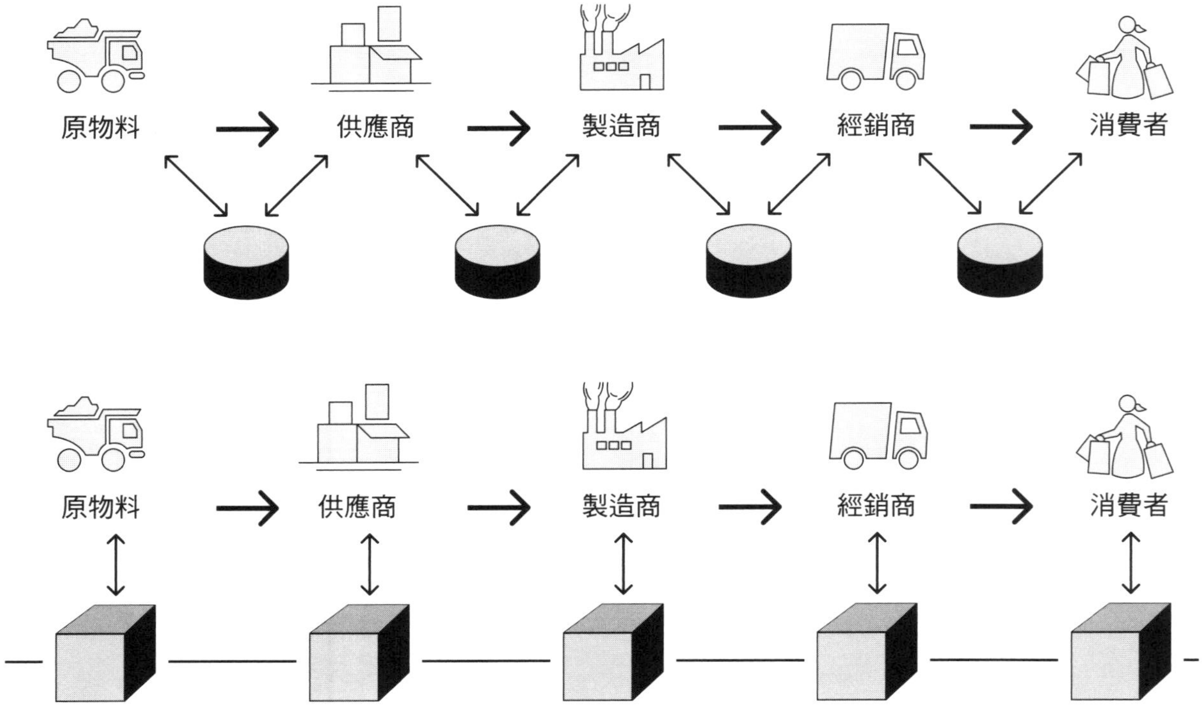

傳統供應鏈與奠基於區塊鏈的新型供應鏈

舉例來說，有條複雜的供應鏈橫跨多個組織，過程中需將某些貨物從甲地運送到乙地。如果供應鏈的主要事件記錄託管於區塊鏈上，而非常見的應用案例一樣，採取脆弱的菊花鏈（daisy chain）串連起多個組織的記錄系統，所有人都能在網路中掌握相同的完整資料。你可以馬上看到，這種方式大幅降低不同單位之間的通訊次數，減少不同參與者間現有的摩擦。

案例研究：已獲獎肯定的供應鏈創新技術

微軟已實際應用去中心化技術，成效卓絕，其雲端供應鏈區塊鏈計畫更榮獲Gartner頒發「年度供應鏈突破」（Supply Chain Breakthrough of the Year）和「年度程序或技術創新」（Process or Technology Innovation of the Year）兩大殊榮[46]。

該平台首先著眼於固態硬碟（SSD）和動態隨機存取記憶體（DRAM）元件，協助追蹤商品價值鏈中各零件從礦坑到資料中心的整個過程。

使用該平台可確保交易完整並減少定價錯誤，預估每年可省下五千萬美元的成本。

期許你能立足於目前你對組織各方面的看法，仔細思考相反立場的觀點。「如果目前在企業內部完成的任何工作，外部人員也同樣可以達成，情況會怎麼樣？」從這個角度去思考組織現況或許有點過於極端，但我保證，這能幫助你看到提高效率的新方式和隨之而來的機會。

我的意思並非要你完全擁抱區塊鏈，但透過這樣由內到外徹底推翻現狀的思考模式，再想想如何結合現今已逐漸為人所知的區塊鏈創新運用（例如加密貨幣和代幣、NFT、DeFi），勢必能為你帶來強大的助力。

你的組織必定擁有許多你有義務保護的機密資訊，可能是客戶資料、智慧財產或與受託人責任相關的各種文件。我提出的建議並非要使這些資料陷於危險之境，而是希冀藉由這種思想實驗開拓你的視野，促使你正視各種可能，要是有朝一日確定要真正應用這類技術，才能確保相關的預防措施和安全機制精準到位，全面保護你可能握有的任何機密資料。

更多啟發

無論身處哪個產業，你都能找到一堆相關資訊，瞭解其他企業如何採用該技術，以及其主要的使用方式。你也會開始賞識去中心化領域中逐漸成熟、蔚為另一片江山的生態系，而這些生態系或許與你所屬的產業密切相關。

有了這些資訊之後，你就能開始將之前所收集的威脅和機會統整在一起，著手尋找區塊鏈和DLT可能在哪些方面為你的組織創造優勢。在此基礎上，你可以開始擬定將此技術發揮到極致的具體計畫。

關鍵在於，你必須先找到你認為值得進一步探究的機會。

案例研究：高階主管工作坊

就我們在Web3 Labs接觸的組織而言，有些在與我們初次接洽時，就已經很清楚想利用區塊鏈達成什麼目標，有些則需要我們介紹業界概況，由我們輔助找到最符合其利益的發展機會。

我們通常會為這些需要指導的組織舉辦高階主管工作坊，帶領其找到合適的區塊鏈機會，以支援其數位轉型計畫。

在這些工作坊中，我們協助領導團隊和高階主管完成以下事務：

- 瞭解區塊鏈和DLT的發展概況。
- 識別企業面臨的威脅和機會。
- 鎖定合適的企業發展機會，突顯重要的專案和創新運用。
- 確立目標、志向和後續流程。

最終成果就是，這些組織全都清楚知道如何善用區塊鏈充分掌握各種機會。

重點摘要

探索階段的第一步是企業找到合適的機會，加以鎖定。試著採取更有創意的思維，並找到合作夥伴。

有所助益的靈感來源包括：

- 散步和聽podcast。
- 參加業界活動或聚會。
- 維持充足的睡眠、冥想、運動。
- 學習你主要專業領域之外的事物。

幾個尋找潛在合作夥伴的地方：

- 你所管理的團隊或個人。
- 創新部門。
- 加入或成立專門研究區塊鏈的特別小組。

想要找到適合的發展機會，不妨試著採取推翻現狀的思考模式，看看組織的哪些面向能如何展現不一樣的可能。能嘗試的其他方法包括：

- 腦力激盪或召開點子探索會議。
- 舉辦內部競賽或甚至有獎勵的駭客松，藉以尋覓最棒的想法。
- 詢問客戶最棘手的痛點和困難。

08 探索（二）

當你更熟悉區塊鏈和去中心化技術的世界後，就會真正明白其中蘊藏了多少潛在機會。

探索階段的第一步是找到合適的靈感來源，並識別企業面臨的問題或值得充分利用的機會。第二步要驗證上述的探索結果，並制定運用此技術的初步計畫。本節將會詳述相關方法。

實證本位模式

想決定如何繼續「探索」階段才是最理想的方式，務必採取實證本位模式來確立想達成的目標或驗證的假設。以實證為基礎的決策概念源自一九八〇年代的醫學領域。相較於盲目聽從專家的意見，當時出現另一股聲浪，認為思考可能影響病患照護品質的決策時，應以當下所能取得的最佳證據為基礎。近幾年，這套方法在醫界以外的領域發揮絕佳效果而獲得大量關注，從政府、企業到各領域的決策者，無不設法利用實證本位模式來配置資源。

舉個例子，美國政府在二〇一八年通過《實證決策基本法》（*Foundations for Evidence-Based Policymaking Act*），要求聯邦政府將資料管理實務現代化，這就證明了實證作法在支援影響深遠的決策和政策制定等方面，的確有一定影響力[47]。

從務實的角度來看，如果你想採取實證本位模式，就應仔細考量你所參考的各種資訊來源，並擬定清楚的問題或假設，以此界定你最想要嘗試解決的問題。有了這項資訊，你就能確保自己使用正確的資料來源，支持初期的探究方向。

我們就是希望在此基礎上，繼續推進「探索」階段的後續流程，進而不僅確立想達成的目標或假設，更能加以測試，並對結果抱持一定程度的懷疑。如此一來，當我們之後回頭檢視所達成的成果，就能以務實的眼光篩選出最理想的後續步驟（如果有的話）。

這些工作可以分為四個階段：

- 校準。
- 評估。
- 審查。
- 確認後續。

校準

首先統整你截至目前對區塊鏈的所有認知，並羅列組織所面臨的主要威脅和機會。你必須識別並界定你想優先全力處理的核心問題或機會。

除了和相關的事業利害關係人會談，還需要有優質來源提供與你事業或目標相關的資訊，供你適度研究，奠定根基。

你可以從經篩選和未經篩選等兩種類型的證據下手，深入研究。不同證據來源的穩健度可整理成下頁圖表。

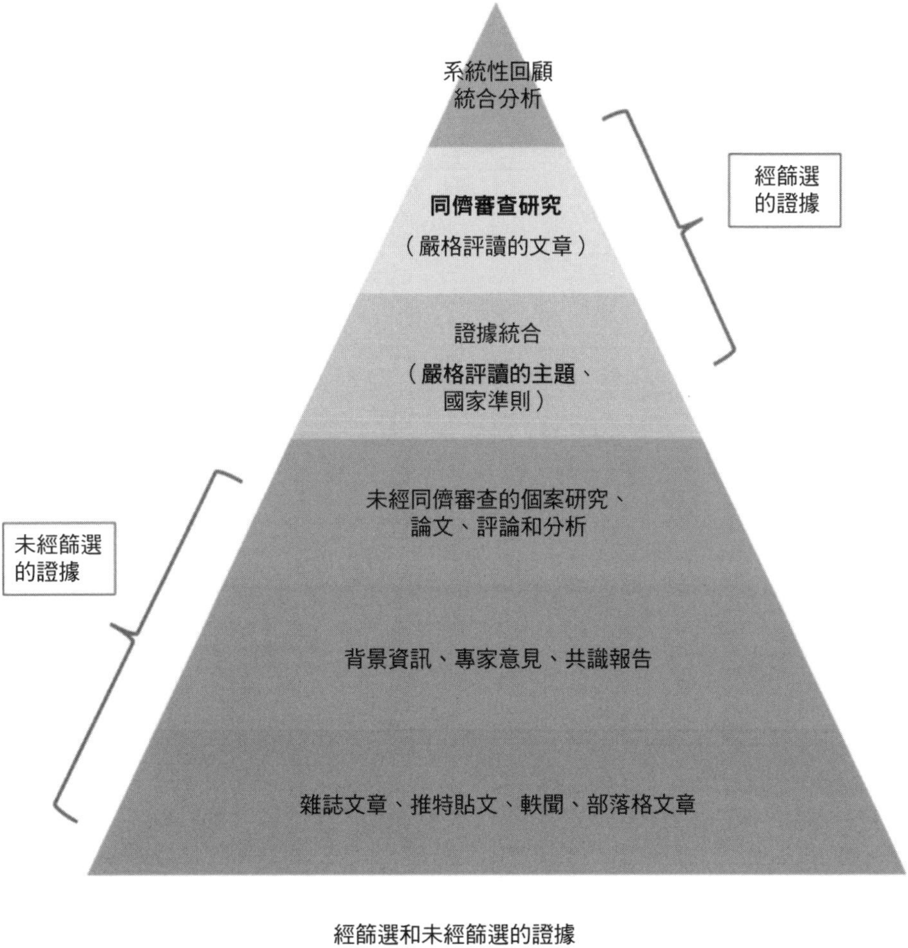

經篩選和未經篩選的證據

（資料來源：Naseem Naqvi and Mureed Hussain,‘Evidence- Based Blockchain: Findings from a Global Study of Blockchain Projects and Start-up Companies’）[48]

1. 經過篩選的證據來自值得信任的學術來源，例如經同儕審查的期刊論文或研討會，包括開放取用期刊指南（Directory of Open Access Journals）[49]、Google學術搜尋和SSRN[50]都屬於這類。
2. 未經篩選的證據來自未經同儕審查的來源，像是部落格文章、社群媒體和新聞網站。因此，如果你想採取實證本位模式，必須優先取用經篩選的證據，深入研究。

接著，你需釐清自己想利用這初步的研究成果達成哪些目標和目的，並決定成功標準。唯有如此，你的團隊才能清楚知道獲得哪樣的結果才算成功，並判定是否有必要在這個階段結束後繼續深入探索。總之，你必須試著從經過篩選或同儕審查的來源尋找證據，以確保擁有更多優質的資訊來源，支援你達成目標。

建議你專注於不太可能需要其他利害關係者支持或團隊示範的目標和目的。試圖將這些工作區隔出來獨立執行，以利快速得到具體的結果（通常六到十二週就能達成）。

這個階段的目標類型可能包括：

- 比較現有的資料儲存基礎設施，瞭解使用區塊鏈或DLT平台能否保證為客戶提升資料的完整性和可用性，減少組織調校資料的負擔。

- 嘗試使用智慧合約平台，觀察能否提升清算週期的透明度和給人的信任感，以及能否同時降低使用平台的營運成本（而非仰賴中介機構協助執行資產清算作業）。
- 對比現行以書面資料為主的供應鏈運作模式，測試區塊鏈或DLT平台能否減少成本、節省時間，以及提高客戶對產品的滿意度。
- 思考以智慧合約將部分企業資產代幣化能否形成一套機制，將資產的所有權分散配置，進而提升資產負債表的流動性，減少與持有資產相關的時間和成本。
- 對比子公司每個月人工彙整損益報告的現行作法，比較區塊鏈能否防範資料偽造，以及是否能以近乎即時的速度產出報告。

《英國區塊鏈協會期刊》（*Journal of the British Blockchain Association*）提出**PCIO框架**（**PCIO framework**，指釐清問題、比較方案、介入處理、評估成果等步驟所構成的程序），協助我們瞭解更準確的問題探究順序。以下概略介紹這套思考方法。

問題是什麼？

Q1：有沒有清楚定義的問題等待解決？

Q2：有什麼證據可以證明問題的確存在？（誰受影響？誰在談論問題？）

Q3：問題有多重大？（影響範圍和嚴重程度）

現有哪些解決方案？（比較組／控制組）

Q4：目前有哪些解決方案可以處置問題？

Q5：既有解決方案／體制的執行結果／成果為何？

Q6：這些結果是否經過嚴謹評估？發表了嗎？

有哪些新的方式可以介入處理？

Q7：有哪些新的方式可以介入處理？為什麼？與其他解決方案的差異為何？

Q8：有沒有科學證據予以支持？

Q9：這些新方法是否經過嚴謹評估？如果有，誰做過評估？結果為何？

成果如何？

Q10：有哪些值得注意的重要結果？

Q11：結果是否客觀顯示最終成效有所改進？

Q12：成果是否受到獨立評估或嚴謹評判（同儕審查）？

推動區塊鏈應用的證據評估框架

（資料來源：Naseem Naqvi and Mureed Hussain,‘Evidence- Based Blockchain: Findings from a Global Study of Blockchain Projects and Start-up Companies’）[51]

你應該先確定目標或問題陳述，再開始進行專案，並利用循序圖或類似的圖表來定義及描繪流程，藉以清楚表示你想代表的各方人員，以及他們彼此間互動及使用平台的方式。

這份文件的篇幅不必太長，只要能表達你想達成的核心事項，並以簡單明瞭的格式檢附重要的詳細資料即可。

上述文件也應與利害關係人分享，使其清楚明白你在做的事情和成功標準。

評估

這個階段旨在瞭解預期目標的可行性。這時有多種方法可以使用，通常會展開可行性研究、製作原型或執行概念驗證，藉以確認你打算追求的目標和目的。

舉例來說，如果你要評估不同的區塊鏈平台，可能需要依據幾項你所制定的標準執行一連串測試，例如使用者該如何在平台上部署去中心化應用程式，以及後續如何管理平台。或者，你也許想要打造一款去中心化應用程式，讓你能在嚴密控制的環境中探索各項功能。在目前這個階段，一切都還充滿各種可能，沒有太多限制。

就這個初步階段而言，六週算是理想的時間配置，但根據所預設目標的複雜程度，延長到十二週也並無不可。再久就會開始脫離探索的本質，比較像在打造實際的產品。

此外，建議由一個二到五人的團隊負責這個階段的工作即可。每週務必開會審視工作進度，讓各個利害關係人和支持者瞭解最新進展。

暫且不論你實際上如何評估試圖達成的目標是否可行，務必克制你想一展科學長才的衝動，並確保整個團隊謹記先前你依據本專案的目標和目的研擬而成的原始問題陳述。

案例研究：概念驗證

在Web3 Labs，我們時常和潛在客戶討論概念驗證所能採取的各種方法。不同組織的需求大相逕庭，從組織希望我們協助處理的事務類型就能略知一二。

近期我們所做的概念驗證提案實例包括：

- 使用DeFi通訊協定模擬現有的金融債務資產類型。
- 建立去中心化解決方案的下載網站。
- 示範讓智慧合約在不同區塊鏈技術之間互通的方法。

雖然這些專案的目標不同，但都能提供展現概念可行性的大好機會，先在區塊鏈平台上小試身手，之後有機會再擴大規模，全力推動，如此我們就能及早確立專案的可行程度。

評估區塊鏈專案和技術

開始認真評選各個區塊鏈平台和技術之前，你可以先展開背景調查，廣泛評比，尤其如果打算採取較先進的解決方案，更應如此。這麼做，你能確保自己不像過去的ＩＣＯ投資人那樣毫無戒心，不至於專案進展到最後，你才發現其中的價值所剩不多：

- 專案有沒有白皮書？如果有，內容看起來合理嗎？

- 能不能從LinkedIn和Twitter找到公司主要員工的個人資料？他們是否發布真正有用的內容，或只是吹捧某個代幣或加密貨幣？
- 從LinkedIn上列出的經歷判斷，他們是否有能力勝任所聲稱的專案內容？
- 專案的說明文件網站是否準確，並提供最新資訊？
- 專案相關人員是否定時更新所屬組織的GitHub儲存庫（github.com）？組織是否帶動社群形成？社群成員提出的問題是否獲得即時回應？
- 有沒有Discord或Telegram群組之類的公開聊天室？裡面是否討論有意義的主題，還是只有代幣價格資訊？
- 有沒有經過篩選的可靠資料來源提及這個專案？

如果閱讀技術文件或檢視GitHub儲存庫超出你的能力範圍，組織內最適任的技術人員應該要有能力為你查核這些資料。

公有鏈或私有鏈？

此時可能需要考量的事項之一，是你想打造哪種類型的區塊鏈網路。第二節曾說明公有區塊鏈和私有區塊鏈的差異。

如果你確定想使用公有鏈，請一律從測試版的區塊鏈網路開始架設，也就是建立所謂的測試網（testnet）。雖然目前我們始終是從單一角度談論公有鏈，但事實上，這些網路都有至少一種版本（時常是多種版本）可供測試。這些測試網可提供免費的測試用加密貨幣，讓使用者在安全的環境中試驗。

需使用真正加密貨幣交易的主要網路稱為主網（mainnet）。

由於私有鏈能提供更大的彈性和控制能力，而且不要求使用真正的加密貨幣來交易，許多組織會選擇這類網路來執行初步的概念驗證，況且，比起從公有鏈開始使用，從私有鏈轉換成公有鏈容易許多。

儘管如此，從較長期的立基點思考哪種網路最適合你的應用程式，還是相當重要。私人集團長期使用私有鏈似乎符合常理，但在治理工作上，這會衍生額外的經常性開銷。下一節會說明這點。不過，就像企業可藉由虛擬私有網路（VPN）等技術在網際網路上運行基礎設施，私有鏈技術也在不斷發展，可允許組織將應用程式置入公有鏈中運作。Baseline Protocol可提供適用於記錄系統的共通參考架構，就是很好的實例[52]。

只要較大型的組織重視隱私權、權限控管和身分識別，本質上公開透明的公有鏈就時常無法符合規範。企業想知道他們提供產品和服務的對象是誰，但不希望競爭對手也同樣掌握這些資訊，而且公有網路的偽匿名性質可能使參與者卻步，尤其當參與者需要遵守實名認證之類的政策時，更是如此。隨著技術成熟，這方面的疑慮會越來越少。雖然目前透過網際網路使用公有鏈的突破相當引人矚目，但礙於公有鏈上的資料高度透明，許多組織的使用意願依然不高。

對採用公有鏈基礎設施的決策保持開放態度相當重要。你或許覺得公有網路無法滿足你的需求，或公有網路太過開放，但這類網路的技術仍在快速發展，千萬別低估其隱含的潛力。別忘了，你需要思考組織內有哪些程序可以徹底顛覆，創造新氣象。

審查

一旦完成之前設想的評估作業，你就能好好檢視截至目前所獲得的成果，讓探索階段告一段落。但願這個過程為你帶來豐碩的收穫，使你能清楚知道後續的努力方向。

審視專案時，套用實證本位模式所支持的某些成功標準，說不定可以在你釐清現階段的收穫時，為你提供有用的框架：

- 是否獲得高品質的結果？
- 界定的範疇是否夠廣？是否達成預期的目標？
- 是否依所規劃的時間達成？
- 是否在預算內完成？
- 客戶或顧客對結果是否滿意？
- 執行團隊對結果是否滿意？
- 結果的品質是否符合利害關係人的期待？
- 結果與原始的問題陳述或目標差距多大？

對照以上各點針對所達成的結果提出疑問，可幫助你挖掘各項收穫的具體細節。此外，如果往後有機會再次調整解決方案，則應力求理解此次評估時發現的不足之處並認真設法解決。

這些收穫理應同時具有量化和質化的本質，因為這能提供強而有力的數據資料，在簡報或報告中向利害關係人呈現實際情況，這樣可以確保他們充分瞭解結果，清楚哪些作法有效，哪些不盡如人意。

或許也可以視這個階段的目標而定，準備一些與外界溝通的資料，和更多人分享你所達成的事項（假設你對結果滿意）。這通常會以新聞稿或部落格文章的形式呈現，並且能有助於確保所出示的資訊符合事實。這時的主要原則是要在同儕審查的期刊或研討會上發表結果，以支援後續的實證本位研究。不過，基於商業機密考量和利害關係人的意願，針對這點爭取他們的支持時可能會遭遇困難。

確認後續

理想中，後續流程應以目前達成的結果為基礎，理所當然地邁入下一個階段。但由於這些結果可能不切實際，因此務必抱持務實的態度看待這些結果。通常你會面臨以下抉擇：

1 邁向下一個階段：設計。
2 再次探索程序，重新校準新的目標和目的。
3 理解區塊鏈並不適合，不會為你的組織帶來益處。

不管你獲得什麼結果，本節提供的方法可協助你採取最有利的方式完成「探索」階段，為你的組織帶來收穫。

案例研究：設備融資概念驗證

Equipment Connect是提供商業設備和相關服務的線上市集，中小企業可透過單一網路應用程式取得及管理設備，以及申請融資。企業申請設備融資時常需仰賴書面資料，不僅缺乏效率，而且過程並不透明，導致審核和處理程序必須經由多個中介單位協助辦理，曠日廢時。雖然歐洲的設備融資產業市值高達三千億歐元，但許多放款機構倚重的老舊技術普遍未與設備廠商和資料提供商妥善整合，因此許多傳統放款單位負擔龐大的後勤支援、受託管理和對帳成本，加上記錄保存作業零碎不周，往往暴露於詐騙的風險之中。

Equipment Connect不僅將設備融資的使用者流程完全數位化，創下金融科技平台的先例，更將小型設備供應商和客戶整合到單一交易站台，方便客戶接洽多家放款機構。

Web3 Labs與Equipment Connect共同研發的解決方案可將融資合約的數位指紋存放於區塊鏈，在增進資料完整性及減少詐騙風險方面的努力榮獲英國創新局（Innovate UK）授獎肯定。此專案是以概念驗證的形式推行，最終成功示範了區塊鏈技術如何簡化設備融資流程，並減少詐騙活動的發生機會。

透過這項專案，Equipment Connect得以親眼見證實際成果，瞭解其數位交易平台如何從區塊鏈獲得諸多優勢，不僅提升不同放款機構間的信任，也確保所有權的移轉過程能更保密，並具有更高的流動性。

區塊鏈的成功原則

你可能還是覺得自己或組織內部對於處理區塊鏈專案的相關知識尚不齊備。對此，以下這幾點成功部署區塊鏈的指導原則，在你實際展開概念驗證（及推動更深入的區塊鏈專案）時，或許能為你創造最大的成功機會，相當實用。

這些原則可協助你正確選擇：

- 目標使用案例。

- 團隊。
- 技術。

如果你有興趣深入瞭解，建議你參加我們介紹區塊鏈部署成功原則的網路研討會：web3labs.com/principles-webinar。

你也可以前往www.web3labs.com/blockchain-and-web3-ebooks下載我們免費提供的電子書《區塊鏈部署成功原則》（*Principles of Successful Blockchain Deployments*），其中論及多個案例研究，或許能為你帶來更多啟發。

重點摘要

「探索」階段的第二部分涵蓋以下事項：

- 校準專案的目標和目的。
- 透過可行性研究、概念驗證或原型設計展開評估。
- 依據原訂的成功標準檢視達成的結果。
- 確認後續走向。

建議你嘗試採取實證本位模式，深入探究及界定你的問題陳述或目標。這能幫助你在這個階段更精準地循序提問。

概念驗證：

- 時間設定為六週（最長可到十二週）。
- 由二到五人團隊負責執行。
- 每週開會審視進度，讓各方利害關係人和支持者掌握最新動態。
- 你會需要決定是要採用公有鏈或私有鏈，如果所選的平台較不知名，到時不妨簡單調查相關的背景資訊。

審查專案時，你應自問以下問題：

- 是否獲得高品質的結果？
- 界定的範疇是否夠廣？是否達成預期的目標？
- 是否依所規劃的時間達成？
- 是否在預算內完成？
- 客戶或顧客對結果是否滿意？
- 執行團隊對結果是否滿意？

- 結果的品質是否符合利害關係人的期待？
- 最終報告或解決方案是否有任何不足之處？
- 結果與原始的問題陳述或目標差距多大？

09 設計

進入「設計」階段後，我們就要開始奠定日後打造解決方案的基礎，也就是立足於先前「探索」階段的收穫，著手設計完整的平台解決方案。在此階段中，我們也會建置應用程式的初始版本、與重要的利害關係人互動，並規劃上市策略，以支援部署作業。

藉由這樣的前置準備，我們可盡量減少在應用程式部署階段（就是下一個階段）所遇到的問題。

目標則是在這個階段結束後，能有一個可向客戶（不管是內部或外部人員）展示的具體成品。

思考初步收穫

藉由「探索」階段，你可以確立初始的目標和目的，釐清你能利用區塊鏈技術達成什麼事情，進而處理組織所面臨的既有問題或全新機會。現在，你準備限縮關注的焦點，開始建造足以推動改變的平台或應用程式。

此時，你應該更清楚自己試圖達成什麼。這背後應該要有清晰的成功標準，支持你解決組織的問題或追求新的機會，而這一切當然都要遵循內部流程。

這裡談及的內容，是你在這個階段邁進時勢必得思考的廣泛主題和原則。

與利害關係人和客戶互動

為了擴展預期目標的範疇，企業中重要的利害關係人難免會需要居中參與。如能在策略上獲得公司（最好是高階主管）的支持，你在經歷這個階段時，就能免去一路上坡的艱辛過程。

你一定不希望在這階段浪費時間——很多時候，一般人無法完全理解那些能顛覆現狀的技術具有哪些真正的潛能，而且可能過於輕易就認為這類技術不如現有的方法，正因為如此，能獲取他人適度的支持尤其重要。稍後我們會談到如何做好區塊鏈提案，爭取所需的支持。

另外，你也需要想想客戶是誰，可能是其他部門的員工、組織內部的同仁，或是外部人士。關鍵在於初期就要找到幾個可以合作的客戶（理想上是三位，以便管理），由他們為你驗證假設是否正確，並持續提供意見回饋。

這樣的互動應該時常發生，最好每週一次，而且過程中應該包括分享資訊，像是你截至目前已有哪些收穫。除此之外，你也該與他們分享你建立好的原型，可以的話還要儘快實際示範。務必確認你已理解他們提出的任何疑慮或問題，並加以解決。

有了這些人的支持，你才能確保即將打造的解決方案已鎖定正確的受眾，你所認知的客戶期待和需求並非憑空假設。

架構

首先要與技術團隊分享你對平台的願景，使雙方認知一致，如此有助於清楚表達公司希望透過部署專案達成哪些目標，為日後交付成果提供指引的藍圖。

技術團隊的考量事項類型包括：

- 區塊鏈網路的設定和部署。
- 智慧合約的設計和責任。
- 前端設計和使用者體驗（UX）。
- 區塊鏈整合服務。
- 資料快取和回報服務。
- 第三方或其他應用程式整合。
- 功能和非功能面向的需求。
- 身分識別和存取權限控管。

以上事項可透過各種不同的形式呈現，例如：

- 使用者故事。

- 循序圖。
- 架構圖。
- 使用者介面展示模型。

使用者體驗會直接對終端客戶造成影響，因此在建立上述部分項目時，不妨試著參考他們的意見。在工程師開始寫任何程式前先徵詢客戶的意見，會是比較好的作法。

這些參考文件應該越簡單越好，並保存於隨時可取用的地方，例如存放在知識共享和協作工具中。架構文件避免過於冗長，而隨著系統快速演變（必定會不斷調整），文件也該隨之更新。

白皮書和代幣銷售

許多預計以公有鏈形式上線的專案和通訊協定，都是以發布白皮書拉開序幕，白皮書類似於科學論文，但不需經過正式的同儕審查流程。

舉凡比特幣和以太坊等網路，乃至後來出現的眾多專案，都是採取這種作法。一般而言，白皮書的功用在於激發投資人對通訊協定或應用程式的興趣，之後再透過第四節所述的代幣銷售籌募資金。白皮書在這個領域之所以如此受到重視，是因為專案團隊可以更深入地說明後續將如何達成設定的目標，而讀者則能更審慎地思考專案是否值得參與。較傳統的資料（像是投資簡報）通常更為嚴謹，有鑑於這些團隊試圖炒熱大眾對其提案的興趣，白皮書越明確具體，越能為專案團隊試圖達成的目標提供正當的支持基礎。

除非你的組織企圖透過代幣銷售籌募資金，並讓公有鏈的通訊協定正式上線，否則發布白皮書不太可能會是適當的途徑，因為你的組織大概已有某些文件標準需要遵循。

此外，如果你的公司已經上市，希望推出一個建構於功能型代幣之上的公有鏈專案，就應思考這類資料的散播方式是否有可能影響到現有股東，而這可能並非小事，值得深思。不僅如此，辦理代幣銷售需要周全的法律陳述文件，處理代幣銷售也需顧全法規和司法方面的一些考量。在當前的法規環境下，如果你希望朝代幣銷售的方向前進，這類法律上的陳述無疑至關重要。

相信這部機器

區塊鏈應用中反覆出現的錯誤之一，就是使用者將區塊鏈或分散式帳本的組成要素視為儲存及取用資料的簡單資料庫。如果你發現自己朝這個方向思考，你大概沒抓對重點。

先前曾聊到去中心化能如何協助你徹底顛覆企業的現狀。試想一下，如果客戶使用的平台介面與你公司內部相同，這能為客戶的使用體驗開創多少潛在可能，而這種共通介面，正是區塊鏈能為你帶來的優勢。

你需思考要在智慧合約中體現什麼商業邏輯。對此，你勢必得信任區塊鏈，而你的思維可能需要經過整個概念上的轉換才行。

在傳統的集中式系統中，你可以完全掌控應用程式中的商業邏輯。這種掌控能力時常是效率低落的肇因。想想你目前提供給客戶的應用程式具有哪些不同的對接機制，這些機制通常會需要你代替客戶維護某些通用應用程式介面，方便他們整合你的應用程式。客戶需完全仰賴你，才能使用你提供的服務，一旦你的系統故障，就會對客戶造成麻煩。

區塊鏈應用程式把你系統承受的負擔轉移給網路。客戶可以執行及維護自己的節點，以便與去中心化應用程式整合，減少你提供應用程式所需的營運成本。不是商業機密的商業邏輯也可能存在於去中心化應用程式。如此一來，原本始終在內部服務中運行的機制，就能轉移到區塊鏈上，供使用者隨時存取。

務必充分理解運作環境的這種改變代表什麼意涵，如此才能妥善設計應用程式。

區塊鏈網路

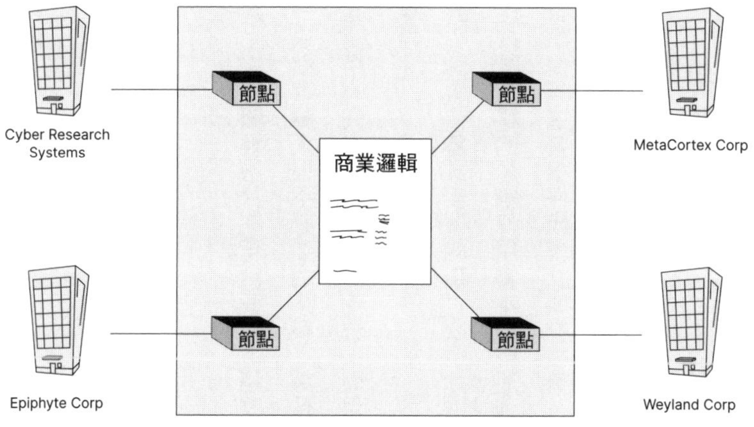

將商業邏輯導入區塊鏈網路

案例研究：區塊鏈不是一般資料庫

決定要將哪些資訊保留於區塊鏈或DLT並找到適當的平衡，絕非易事，尤其當客戶開始使用區塊鏈之後，很容易將區塊鏈作為另一種儲存技術使用。

我們看過這件事發生在幾位客戶身上：區塊鏈平台在正常使用下經歷不斷調整，開始像傳統的資料庫一樣儲存龐大但不必要的資料，導致使用者開始將其當成分散式資料庫使用，失去了區塊鏈的本色，而且各個可修改的實體之間還維持聯繫。

所幸，我們的客戶多半抱持開放的心胸看待嘗試要做的事，我們才能重新導正他們的概念，使其瞭解應依循怎樣的思維使用帳本。一般而言，這包括確保帳本確實用於記錄事件，這些事件代表狀態的移轉，而狀態是由程式寫成的智慧合約規則來管理。這些智慧合約運用的商業邏輯會耗用某些輸入的狀態，在帳本上產生輸出狀態。

最小可行性產品

建立應用程式或平台的概略架構後，就能開始建置。我們鼓勵客戶採用敏捷式開發法，從打造最小可行性產品開始，並持續傾聽潛在客戶的意見和回饋。

不管你的組織規模多大或遵循哪些現成的作業流程，採取更麻煩的工作方法大概會對團隊造成更多負擔，進而影響專案的整體產出。你想試著實現可能沒有任何平台或應用程式做過的事，因此幾乎可以肯定的是，現有的政策和程序勢必需要有所調整，才能為你要打造的應用程式提供支援。硬是要把方塊塞進圓洞裡絕對是行不通的。

最小可行性產品或概念驗證

前一階段我們剛完成概念驗證，此時區分最小可行性產品和概念驗證的差異就很重要。製作最小可行性產品[53]意味著打造產品或應用程式最簡約的版本，以此向客戶或顧客示範核心功能和價值。與概念驗證不同的是，這是全面運作的解決方案，只不過是以最簡單的方式呈現而已。

這麼做的目的，是要儘早確認你所打造的就是顧客或使用者想要的解決方案，而不是一味製作華麗的產品，完成之後才發現根本不符合他們的需求。

交付方法

支援最小可行性產品製作所採取的交付方法也很重要。藉由敏捷式開發法，你可以頻繁向利害關係人和客戶展示正在進行中的工作，而且容易整合意見或變更細項。由於這類交付方法具有漸進和反覆實行的特性，才能有上述效果。

過去十年來，Scrum框架普遍見於應用程式解決方案的開發及維護工作，使敏捷式開發法連帶大受歡迎。然而，不同團隊和利害關係人之間仍需時常開會，這些會議勢必需要有人細心管理，才能確保技術團隊擁有充足的時間執行職務，交付成果。

儘管鉅細靡遺地討論何者是最適當的方法，已經超出本書的範疇，但我還是鼓勵你多瞭解各種較精簡的交付方法（例如看板管理法〔Kanban〕和精實生產法

〔Lean〕），原因在於，初期試圖交付新應用程式或平台的開發成果時，一定會面臨較多不確定因素。

近年來，大規模敏捷開發法（Scaled Agile）[54]在企業界日漸熱門起來。這種方法是在Scrum和Lean的基礎上提出一套框架，能支援團隊、大型計畫和多企畫複合規模的技術成果交付。如同所有框架一樣，這種方法並非毫無缺點，而且需根據組織需求加以調整，但要是你的組織目前尚未採取這種作法，或許能從中獲得一些效益。

記住，提出工作成果並及早向真實客戶徵詢寶貴意見，是最重要的目標。能夠支持團隊朝這個目標努力，比執著於不同交付法之間的細微差異更為重要。

案例研究：物聯網隱含的機會

全球數一數二的通訊公司Vodafone極度重視創新，從二〇一七年就開始推動幾項區塊鏈專屬計畫，目標在於利用此技術創造真正的商業價值，並提升客戶體驗。

沃達豐專注發展去中心化身分識別技術，日後將能加強客戶對個人資料的掌控能力，同時簡化服務使用程序。此外，區塊鏈網路具有卓越的復原能力，許多企業的身分識別管理服務長期飽受單點故障之苦，這類煩惱將能因此走入歷史。

除了區塊鏈，沃達豐也砸大錢發展物聯網技術，提供ＳＩＭ卡和可允許ＳＩＭ卡彼此聯繫的通訊網路，也推出可支援的雲端平台。Vodafone已著手利用區塊鏈技術建構自有的數位資產經紀人平台，讓物聯網裝置能直接與點對點服務交易。

在這兩項計畫上，Web3 Labs積極與Vodafone合力打造架構設計及規劃專案交付，針對這些極具策略重要地位的服務提供有力支援。

上市策略

製作最小可行性產品的同時，就能開始進行完整的產品上市事宜。你在這個階段會不斷與客戶合作，對於正在打造的產品，應該要有信心能妥善因應預設要解決的問題。

此時的重要事項，是要思考如何將產品或平台介紹給更廣大的市場。不必是多麼盛大的上市活動，也許只是開始迎接更多客戶加入使用。重點是你必須備妥一份計畫，清楚日後該如何拓展客群和使用者。

目前已有諸多資訊告訴你如何擬定上市策略[55]。不過當產品是區塊鏈應用程式時，還有其他幾點重要事項需要注意，像是涵蓋治理（governance）、共通性（interoperability）和安全性（security）等議題，我們稱之為「GIS生命週期」。

GIS生命週期

將治理、共通性和安全性納入考量相當重要，不僅是為了能順利推出產品，在應用程式的整個運作期間，你也應該持續檢視這些面向。

不管是在私有鏈或公有鏈上發布，都一樣適用這套作法。不過，如果你目前是在私有鏈上運作，則應以較長期的視野來思考，規劃如何轉移到公有鏈，至少應與公有網路連線。如同前文所述，Baseline Protocol之類的專案就能協助企業將應用程式遷移到公有鏈的基礎設施上運作，這方面的業務在未來勢必會顯著成長。

治理

就區塊鏈平台而言，所謂治理是指管理網路和參與者的方式，相關考量包括以下幾點：

- 節點運算者的角色和責任。
- 網路變更或修改項目的提案及管理方式，或許可使用第一章所介紹的去中心化治理方法。
- 網路升級程序。
- 參與者上線流程。
- 網路中的共識機制。

如果使用授權制的私有鏈，你的組織必須與網路中的其他組織就治理方式達成協議。光是與一個外部組織協調就已夠繁複，一旦需要與多個外部組織交涉，相信你很快就能體會這一切有多麼錯綜複雜，正是因為這樣，更需清楚界定參與者需遵守的規則及肩負的責任。

要是使用公有鏈，由於你只是與網路建立連線，沿用該網路原本就有的治理模式，因此治理工作表面上看似較不複雜，不過請務必好好瞭解該治理模式，這會決定網路日後的發展方向。總之，你必須確保組織能夠游刃有餘地持續關注升級情形，萬一發生變化才不會左支右絀。

另外也要記住，公有鏈的參與者眾多，你不太可能在治理決策上產生巨大影響。

思考以上各點後，你需要確定你的治理模式，並尋求潛在節點運算者的支持（如果使用授權制的私有網路的話），後續才能推動更大規模的產品發布活動。

受管區塊鏈服務

有助於減少治理成本的方法之一，就是與提供受管區塊鏈網路服務[56]的公司合作，這些公司可代替組織運作區塊鏈網路。不過，你必須確認他們提供的基礎設施可廣泛相容於網路成員各自的基礎設施，否則就只是在透過這些服務供應商建構集中式的區塊鏈基礎設施，與

網路類型	優點	缺點
私有鏈	可直接影響治理作業，控制改變的步調。	上線流程複雜。需與網路中的其他組織相輔相依，這些組織可能擁有不同的商業模式，行事的優先順序不盡相同，或受不同的司法規範所限制。
公有鏈	上線流程較簡單，治理上通常不透明。	無法顯著左右治理決策。

初衷背道而馳。

服務供應商可能會提供簡化運作體驗的各種工具。然而，這些工具不能是供應商獨有的專利產品，換言之，你必須避免自己受制於任何廠商，萬一日後有需要，也應該要能直截了當地遷移，徹底揮別他們的服務。

互通性

聯合國總部統計司（United Nations Statistics Division）提出一套實用框架[57]，可協助你思考不同系統間的各種互通類型。

在此框架下，我們可以從機構的角度瞭解治理程序應如何支援互通性。

執行概念驗證及建造最小可行性產品時，你大概會將重心擺在資料和使用者層面，對於一般的應

層面	描述	舉例
技術	在技術層採用通用介面，讓使用者能跨不同平台操作	區塊鏈或跨帳本互通
資料	共通的資料格式和中繼資料	智慧合約語言
使用者	共同詞彙和對資料的認知	說明文件和不同合作夥伴之間的協議
機構	不同組織間的法規協議，例如授權和資料分享協議	制度化的治理程序

用程式如何與區塊鏈應用程式通訊，也會有一些想法。不過，你可能尚未開始思考怎麼在區塊鏈層面落實互通性，原因很簡單，因為你一開始只採用一種區塊鏈技術。

區塊鏈平台的選擇會越來越多，不會有一條區塊鏈獨占市場的情形發生，就像Twitter上某些區塊鏈至上主義者極力說服你的那樣。目前已有多種不同平台可以選用，書末的「相關資源」一節列了其中幾種。從實務的角度來看，這表示未來你選擇的平台有可能需要與其他區塊鏈相容，不管你選擇了公有鏈或私有鏈都一樣。

現階段，互通性是個不斷變動的目標，仍有大量的研究和開發活動持續進行中。區塊鏈互通最常見的類型包括：

- 代幣：在不同區塊鏈之間轉移的加密貨幣或代幣。
- 狀態：智慧合約或去中心化應用程式的狀態在不同區塊鏈間轉移。
- 預言機（oracle）：將外部資料（例如金融商品的價格）轉移到區塊鏈上的服務。

發展現況不斷變動，最終目標是達成自動轉移，以此啟動單一交易，將資產或狀態從某一區塊鏈移動到另一條區塊鏈。

雖然不太可能影響到你推出應用程式，但你應該思考互通性會在哪個時間點變成應用程式的重要需求。如果你選擇部署授權制的私有鏈，或許可以試試水溫，將網路內的部分資訊轉移到公有網路；也許你在私人網路中建立或追蹤的某些資料，最終應放到所有人都能存取的公開網路上使用。以消費為取向的代幣就是很好的例子。如果代幣在公有網路上流通，使用者就能享有更大的效用。

你的組織目前在整合公有網路方面或許面臨重重阻礙，但就像組織已習慣在網際網路上經營公開形象，以及使用雲端供應商的網際網路服務一樣，隨著技術成熟，區塊鏈也會如此廣受接納，並具備一定的安全程度。

如果你已在使用公有鏈，可能會發現其他區塊鏈上有你想整合的生態系或平台。同樣地，如何實現互通性是考量重點。目前公用網域就有專門為了互容操作所設計的區塊鏈，提供閘道以利整合，不過目前的運作還不夠流暢。

總而言之，你不必從一開始就採用可互通相容的技術，但必須意識到，互通性可協助你從現今更廣泛的區塊鏈創新中獲得助益。

案例研究：公有鏈互通性

可選擇的區塊鏈網路勢必日益增加，在此前提下，如果區塊鏈平台之間能相容互通，隨之而來的發展機會必定不可限量。適用於去中心化應用程式的公有鏈ICON就是這類平台[58]。ICON能跨多個區塊鏈平台（稱為社群）實現互通操作，是一種聚合網路。

我們與ICON Foundation共同制定其BTP（Blockchain Transmission Protocol，區塊鏈傳輸協定）。BTP是這條區塊鏈的核心互通性框架，能讓加密貨幣和代幣在不同區塊鏈網路之間轉移。有鑑於公有鏈的通訊協定眾多，ICON面臨的挑戰不僅在於如何克服提供此通訊協定的技術難題，還要設法比其他具有互通性的網路整合更多通訊協定。Web3 Labs早已與ICON Foundation合作，攜手處理這兩大難題。

我們在區塊鏈通訊協定開發上擁有厚實的專業基礎，不只能順利推動核心通訊協定的實作工程，還能提供與主流區塊鏈網路溝通的管道，與包括幣安智能鏈（Smart Chain）在內的各大平台連接。

最終，ICON的使用者能在不同公有鏈之間安全地轉移代幣，考量到這些公有鏈所承載的龐大價值可能正承受風險，這樣的成果並非無足輕重。

安全性

就某些面向來說，與區塊鏈網路相關的安全考量已是我們耳熟能詳的議題，例如加密金鑰管理。目前已有眾所皆知的技術和服務足以提供支援。

然而，「設計」階段有幾個重要主題需要時時謹記：

1. 錢包或金鑰管理。
2. 網路連線管理。

你的組織可能不太瞭解如何從安全性的角度處理這些事務，因此及早尋求資訊安全團隊從旁協助，讓他們認同你試圖達成的目標，可說相當重要。

錢包管理和保管

第一章談過數位資產存放在加密貨幣錢包的原理。這類錢包內有加密金鑰。在許多公有鏈網路中，加密貨幣錢包可用來啟動交易（像是將加密資產轉移給他人），或叫用智慧合約的某項功能，可說是某種形式的網路身分。

如果你的組織選擇使用公有鏈，你就需要保管及管理與錢包相關的加密資產，或者可以找家服務商幫你代勞。由於使用加密貨幣可能需要經過重重關卡的核准（加密貨幣在資產負債表上可能被歸類成另一種資產類型，就算數量不多也一樣），組織一開始普遍對公有鏈興致缺缺，這是另一個原因。

當然，要是你的組織計劃透過代幣銷售成立新的實體或籌募資金，那麼，確實採行適當的保管解決方案就會是至關重要的一環。

加密貨幣錢包也能為使用者提供一定程度的匿名功用，不過企業並不樂見使用者匿名交易。企業需要知道交易的對象是誰、確認對方是否遵守KYC或AML（anti money laundering，洗錢防治）規定，或只是確定對方的身分是否就是他們認定的那名使用者。

因此最理想的情況是，錢包需與某種身分識別連結，或許是綁定於個人、部門、業務單位或組織。目前已有解決方案可以因應這點，亦即將區塊鏈帳戶或錢包綁定於完成驗證的個人或組織。

只要利用去中心化身分識別解決方案就能達成上述目的，但許多企業取向的區塊鏈技術都是建構於網際網路的ＰＫＩ（public key infrastructure，公鑰基礎設施）上，而這主要使用憑證來代表組織或個人的身分。這項技術廣泛應用於網站的SSL/TLS，證明你透過瀏覽器造訪的網址並非偽造的位址。這些憑證[59]與加密金鑰相互關聯，憑證之所以能在這一方面廣獲採納，這是原因之一。

無論你使用的平台規定採取哪種確切的方法，你都必須制定周全的策略，以妥善管理這些認證資料。幸好，在公開金鑰加密領域中，組織和線上活動早就廣泛採用基礎的加密金鑰，例如前述的ＰＫＩ、保護網站存取安全的SSL/TLS等通訊協定、確保伺服器存取安全的ＳＳＨ，以及保障ＶＰＮ通訊安全的IPSec，都是實例。

好消息是，你的安全性和資訊安全團隊應該早已建立最佳實務作法和政策，能妥善管理這類加密金鑰，而全球的企業也早就普遍使用硬體安全模組（hardware security modules）之類的裝置，對他們來說已非新鮮事。不過，區塊鏈平台可能融入抽象化概念，需要一定程度的培訓才能熟悉[60]。

連線和安全性

你會需要與資安團隊合作，共同建立起與所用區塊鏈網路之間的連線。如果你使用的是公有網路，由於你要允許不明外部實體的連線，因此必須運用現有的網際網路服務，完成類似的建立工作。

如果是私人網路，你會知道連線的是什麼組織。不過，需要建立連線的組織數量可能相當龐大，對資安團隊而言，這會是不容小覷的變動。

此外，你的資安團隊可能對區塊鏈平台採用的通訊協定不甚熟悉，要監控進出組織的流量並不容易，初期他們可能會提出反對意見。他們可能需要在區塊鏈節點上量身打造組織需要的Proxy服務，不過許多專為企業設計的平台都能提供這方面的服務。

委由外部實體加以稽核，也可能為驅動去中心化應用程式的智慧合約或程式碼帶來好處。如果應用程式是在通行代幣或加密貨幣的公有鏈上運作，稽核把關必不可少。第四節提到的DAO竊案就是足以點出相關安全漏洞的極端案例。即便是私有鏈，可能也需認真實踐這樣的稽核工作，而實際的工作內涵則視去中心化應用程式的程式碼出現錯誤時會造成什麼風險而定。

接著是系統的整體安全。或許可考慮利用滲透測試（**penetration testing**）之類的技巧模擬駭客攻擊。可惜的是滲透測試的傳統作法不足以完全確認區塊鏈網路是否安全無虞。你提供的服務並非具有清楚界定的整合點（例如以應用程式介面為基礎的服務），所建立的是區塊鏈網路，其界線超出你組織的基礎設施所及範圍。也就是說，儘管你能運用滲透測試技巧，確認所負責的網路元件是否安全，但礙於網路的去中心化本質，你無法保證整個網路的安全維持在一樣的水準。

因此，你必須嚴格遵守區塊鏈服務商發布的所有指導準則，並確實履行最佳實務標準作法，例如：

- 所有軟體更新至最新狀態。
- 定期執行威脅評估。
- 實施最小權限原則。
- 擁抱自動化。

區塊鏈網路在錢包或金鑰管理以及連線方面的考量與以往不同，勢必需要由資安團隊持續提供支援，因此你必須確定團隊瞭解你想達成的目標，並願意給予協助，才能進展到下一個階段：部署。

重點摘要

「設計」階段的目標是要開始建造解決方案的最小可行性產品。對此，你必須執行以下事項：

- 思考及理解「探索」階段的收穫。
- 爭取高階主管在策略制定方面給予支持。
- 找幾位客戶或使用者一起參與。
- 與技術團隊分享你對平台的願景，取得相同的認知。

除了建立最小可行性產品，還有幾點事項需要審慎思考：

- 上市策略和產品推出方式。
- 管理網路的治理模式。
- 網路和加密金鑰的保護措施。

- 互通性的實現方法（如果適用的話）。

此外也要避免將ＤＬＴ或區塊鏈誤當成傳統的資料儲存平台使用。

10 部署

到了這個階段，我們要將先前「設計」階段的所有準備工作付諸實現，把我們的去中心化應用程式引進市場。雖然計畫時常趕不上變化，但至此你應該已完成以下事項，對目前的進度胸有成竹：

- 有最小可行性產品可以推出。
- 有完整的上市策略可以遵循。
- 有重要的利害關係人和客戶參與其中。
- 已確立治理辦法。
- 找到需要能互通相容的地方。
- 獲得資安團隊首肯，並已制定足以支援部署工作的安全實務。

這樣就能確保你已為產品上市做好萬全準備。

產品推出方式

打造最小可行性產品時，你應該已有一群客戶的意見可以參考，確保你所研製的產品可以解決他們明確的痛點。現在，成果即將以最小可行性產品的形式進入實際運作的環境，你有兩種選擇：直接上線或階段上線。

直接上線是指一次就將應用程式提供給所有潛在客戶。如果你在公有鏈上推出完全去中心化的應用程式，所有連上網際網路的人都能使用。儘管如此，建立客群仍是大部分產品和服務所面臨的最大挑戰，因此，除非你已推動上市策略及有效利用社群媒體，幫助即將推出的區塊鏈產品或服務在市場上引發熱烈討論，或你早已累積一定的用戶群，能一次對所有使用者開放平台，否則這麼做很有可能無法獲得太大的迴響。

一般而言，當法律規範之類的外部壓力迫使你盡量向更多客戶推出平台時，會是採取直接上線的唯一時機。有鑑於區塊鏈技術仍在崛起階段，這在未來幾年或許尚不足以構成問題。即便你正面臨龐大的競爭壓力，除非真的別無他法，否則我還是要建議你別採取這種模式。

階段上線則是分階段向使用者開放平台，讓新客戶可以分批註冊並開始使用。由於你在建構最小可行性產品的過程中早就和部分初期客戶聯手合作，到了這個階段，你應該會有一些自願的參與者為你提供協助。這些人會對所參與的工作感到熟悉，而你也應該已經確認工作成果可以符合他們的真實需求，因此他們理應會願意與你合作。

一旦你將新平台上線，開放給這第一批客戶實際使用之後，就會依序展開後續階段，陸續迎接更多批客戶上線使用平台。

客戶上線

視你使用的區塊鏈類型（公有鏈或私有鏈）而定，你會需要處理「如何讓客戶開始使用」的問題，為客戶提供所需支援。

在授權制的私有鏈中，你可能需要支援兩種類型的客戶，分別是積極和不積極的網路參與者。

積極的網路參與者不僅希望善用平台提供的產品或服務，也參與網路治理，運作其平常與網路互動所使用的自有網路基礎設施。他們運作基礎設施的確切方式，則取決於個人偏好，可能就像上一節講到治理工作的篇幅所述，由獨立的服務商協助他們治理基礎設施。重點在於，他們想透過自行管理或委託服務商代管的去中心化基礎設施來存取網路。採取這種作法，就得持續管理區塊鏈節點軟體及其他參與者之間的實體連接。

不積極的網路參與者則不想負擔運作任何區塊鏈網路基礎設施的開銷，只要有個閘道可以存取去中心化應用程式就好。在私有鏈的環境中，這種存取權限時常是由其他網路參與者提供，與藉助第三方服務的積極參與者截然不同。

在公有鏈應用中，客戶或許仍會希望運作自己的網路基礎設施，在網路中扮演積極的角色。然而，由於這類網路的公共特性，客戶達成此願望的方式必須迎合所屬網路的最佳實務作法，而非配合你的應用程式。對此，你可提供參與者建議，使其瞭解可以採用哪些作法，像是如何在網路上運作自有的區塊鏈節點。

如果客戶不想積極投入公有網路的運行工作，建議他們以應用程式介面為基底的服務，由這領域的服務商協助他們存取網路。

由於公有鏈平台與應用程式之間涇渭分明，結合程度比私人網路來得較不緊密，所以公共網路可說更有彈性。

不同參與者類型的考量重點統整如下表。

	公有鏈	私有鏈
積極參與者	運作及維護區塊鏈節點軟體，以公開方式與網路連通	運作及維護區塊鏈節點軟體，與所有參與者之間保有點對點連線
不積極參與者	透過第三方的應用程式介面服務存取網路	由其他網路參與者委派存取權限

培訓

不管是協助新客戶開始使用，或是將應用程式移入實際即時運作的環境，你都必須提供充分的培訓，確保使用應用程式的客戶和負責管理的團隊都能順利上手。

先前談過，你必須和資安團隊合作，突顯去中心化平台的差異。客戶和支援團隊也一樣，他們必須明瞭去中心化應用程式有何不同。

客戶至少需對區塊鏈技術背後的運作原理有點概念。你可能有必要根據應用程式預計提供的功能，示範部分區塊鏈錢包技術的使用方式。舉個例子，如果你要為使用者提供行動版或網頁版應用程式，讓他們能在裝置上透過錢包發起或核准交易的話，你就得示範如何完成這個程序。

除此之外，如果客戶的組織屬於積極的網路參與者，他們的基礎設施團隊就需比照你組織中負責管理應用程式的團隊，接受類似的訓練。

同樣地，為你管理應用程式的團隊必須熟悉所用的基底區塊鏈平台。為了順利上手，必須與區塊鏈平台廠商和負責提供應用程式所需區塊鏈元件的團隊（例如處理智慧合約或其他類似項目的開發人員）維持良好合作關係，這點很重要。

要是區塊鏈平台並非由某個特定廠商提供（例如你使用免費的開源應用程式），則負責部署及管理平台的團隊就會是為你處理平台支援工作的最佳人選。

支援

正因平台的本質是去中心化，出現可能演變成問題的徵兆時，不一定總是清楚易見。重要的是，你必須編撰良好的平台說明文件，內容需提供有助於排除問題的相關步驟，並回答常見問題。技術專案忽視品質文件的頻率之高，令我大感詫異。在公眾領域，這類文件可能攸關開源專案的成敗，但這套思維不一定會落實於內部計畫。

技術團隊應該會是你需要倚重的另一座靠山，你需要仰賴他們維持應用程式的整體運作。當問題浮現時，釐清問題是否源自程式碼，還是區塊鏈層發生不對勁的現象，他們就是最理想的負責團隊。

你應部署適當的監控和分析工具，協助團隊更清楚地掌握平台的整體運作概況。目前已有區塊鏈專用工具能輔助你達成這點。

案例研究：監控數位債券

Web3 Labs研發的Epirus Blockchain Explorer是監控區塊鏈網路及提供視覺化功能的專門工具。野村控股（Nomura Holdings）和野村總合研究所（Nomura Research Institute）合資成立的BOOSTRY就是我們的客戶。

這家公司提供技術基礎設施，協助野村總合研究所推出數位資產債券和數位債券，是日本發行機構首次使用區塊鏈技術發行債券，別具重大意義。

BOOSTRY基礎設施工程師萩平駿輔（Shunsuke Hagihira）和他的團隊明白，就日本現行的法規及取得所需營業執照的艱鉅手續來看，他們要進入日本市場可説極度困難。

為了簡化這個程序，BOOSTRY團隊打造了聯盟鏈ibet，在智慧合約程式碼的支援下，透過這個區塊鏈平台以證券型代幣的形式發行各種權益和交易方法。這些證券型代幣能代表各種數位化證券，例如股票、債券、房地產，不過團隊有企圖進一步擴大經營範疇，增加公司債、會員資格和服務使用權。

眼見ibet平台具有如此龐大的潛能，萩平駿輔很快就警覺到，他需要設法找到一種穩定可靠的方式來監控網路上的所有交易。

瞭解需要快速又輕鬆的工具監控ibet上的交易後，BOOSTRY在二〇一九年十二月開始使用Epirus Blockchain Explorer。

有了這項解決方案，萩平駿輔發現他能快速又輕鬆地監控ibet網路，尤其儀表板上的智慧型監控系統最讓他驚豔。他只要動動手指，就能在儀表板上查看所有重要指標，例如不同時段的交易明細，以及網路上各合約的業務執行事件，都能一覽無遺。

「Epirus（Blockchain Explorer）為BOOSTRY帶來有意義的商業情報和洞察資料，使其能在上述合資公司快速發展之際妥善管理。他們已採納Epirus Blockchain Explorer優異的使用體驗和精細功能，可以毫無阻礙地從網路快速獲取所需資訊。」

維護和版本管理

如同前一節的資安篇幅所述，持續維護平台是至關重要的工作。此外，你還會不斷改良及調整應用程式，以因應各種問題並為使用者提供新功能。

區塊鏈的基礎設施大致上可和任何標準服務一樣修補及升級，不過有別於許多傳統服務（像是資料庫），區塊鏈平台一般無法在離線的狀態下執行升級作業。網路需保持暢通，由各個節點分別完成升級（還記得第一節提到的永不停歇的機器嗎？）。

升級方式會依你使用的基底區塊鏈平台而異，網路上執行的去中心化應用程式不同，也會左右升級作業。由於區塊鏈具有無法竄改的特性，現有的資料無法更新，因此升級過程通常會為去中心化應用程式建立新版本，再將其他的系統元件或使用者導向該版本。

區塊鏈平台管理去中心化應用程式的方式各有不同，以智慧合約為基礎而運行的平台（例如以太坊）通常是採用代理合約[61]。代理合約的功用是為你的應用程式處理所有要求，並將要求傳送給最新版本的應用程式節點。這樣可確保使用去中心化應用程式的客戶或服務永遠都需經由相同的存取點與應用程式互動。

每個區塊鏈平台不一定採取相同作法，其說明文件應會詳細說明版本和升級管理的最佳實務作法。

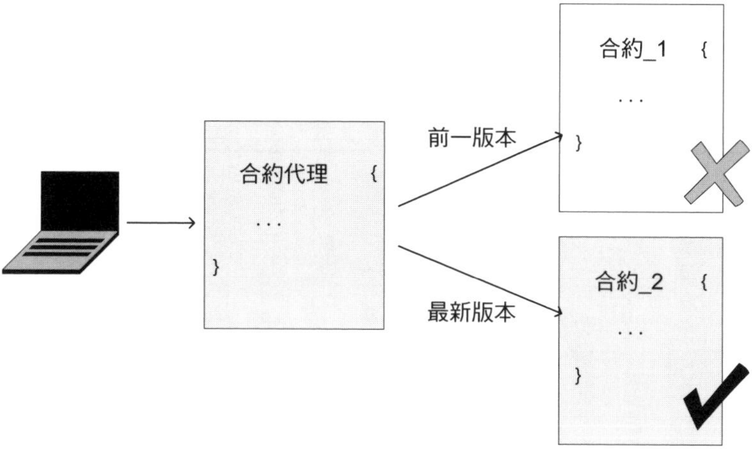

智慧合約代理

讓單點故障走入歷史

即便只要正確部署，區塊鏈平台本身就具有卓越的復原能力和可用性，但不輕忽單點故障的機率，以免平台受到影響而無法正常運作，還是相當重要。首次開放特定的客戶群使用最小可行性產品時，你或許還有一定程度的聲譽，可在服務中斷時幫你安撫客戶，但這並非長久之計。要保證服務永不中斷不太可能，重要的是要嘗試在單點故障事件發生前就積極找出所有潛在問題，以免夜長夢多。就如墨菲定律所言，「凡是有可能出錯的事，就一定會出錯。」

回顧過往，我們一次次看到集中式服務發生狀況，使企業營運大受打擊。有時看似無足輕重的事件，卻使企業損失數百萬美元的營收，例如網域名稱系統（domain name system）記錄更新不當而牽動核心服務，造成大規模的服務中斷。還有另一種情況是資料中心停擺，暴露企業在研擬營運持續計畫（business continuity planning）上的缺失，這可能為企業帶來嚴重後果。

就連全球名列前茅的大企業也無法倖免於難。簡單舉幾個例子，過去幾年期間，Google、Facebook、微軟的Azure雲端服務以及Amazon Web Services都曾發生嚴重的服務中斷事件[62]。這些服務（例如雲端服務商）對更廣大的網際網路造成涓滴效應，使Airbnb和Netflix等熱門網站在過程中連帶受到波及。

比起這些規模龐大但由個別公司控制的集中式服務，比特幣和以太坊等公有鏈的復原能力驚人[63]。私有鏈如能妥善設定、擁有足夠的參與者，而且節點能配置在明智的地理位置，分散於不同基礎設施上，應該也能展現類似優勢。

不過，底層區塊鏈富有強大的復原力，不代表你的平台也能如此。如果你需仰賴基礎設施服務商存取區塊鏈，要是該廠商的服務停擺，會怎麼樣？[64]如果你自行維護區塊鏈節點，你的節點是否擁有足夠的復原能力？

以區塊鏈為基底的常態服務呢？是否內建了合適的恢復模式？你是否採用任何資料儲存技術，針對快取或報告彙整等活動從區塊鏈擷取資料呢？備援能力是否充足？諸如此類。

就平台安全斟酌各種考量時，如能執行威脅評估，並識別及處理應用程式架構或基礎設施中的潛在弱點，理應就能更游刃有餘地維持去中心化應用程式的韌性，同時使其持續正常運作。

法規考量

依據組織所在的產業，以及你試圖處理多大的問題或機會，可能會有法律方面的議題需要解決。平心而論，法律或法規限制比你所面臨的技術挑戰還要棘手，即便你需為此付出的代價更高，但依舊需要一一克服。這類情況在大型區塊鏈專案中並不罕見。

由於我的專業在於技術而非法律，以下內容最好別視為法律建議，但我希望可以提供一些切入點，協助你與適當的專業人士展開討論。

你可能需要思考的挑戰類型包括：

- 要儲存的資料類型。尤其資料可能涉及敏感內容。
- 資料的存放位置。有些金融監管機關會要求交易資料須實際儲存於某處。
- 資料的儲存格式。資料不管是在傳輸或靜置待用的過程，都應加密保存。
- 智慧合約執行的活動是否具有法律效力？要是法律上不認可怎麼辦？以智慧合約代表提單（bill of lading）或債券息票就是例子。
- 資料保留期限和時間長度。
- 調取資料的資格和速度。金融服務業時常規定，一旦監管機關要求，金融機構就必須在接獲通知的短時間內提取所需資料。
- 資料存放在不可竄改的區塊鏈上伴隨著哪些法定權利，例如被遺忘權（right to be forgotten）。

由於區塊鏈可能跨越地理邊界和不同組織，加上組織間的法律約定事宜需要時間確立，因此處理法規議題最後可能成為部署工作極其耗時的環節之一。如果你使用的是無法將活動限制於特定司法管轄區的公有鏈，尤其會是一大挑戰。總之，你必須在初期就找好法律顧問，確保產品推出時不會遭遇重大阻礙。

那歐盟一般資料保護規則呢？

歐盟一般資料保護規則（General Data Protection Regulation）於二〇一八年生效，要求持有個人資料的組織必須採取充分的保護措施，並僅能將資料用於規定所指定的合法用途，而這些用途必須與組織向個別客戶履行合約義務有關。該規定不只強調組織得確實保護客戶資料，也賦予當事人可隨時禁止組織使用其個人資料的權利。

基於不可竄改的本質，區塊鏈理所當然不適合作為儲存任何客戶資料的載體，使用者也不應把區塊鏈視為分散式資料庫，這點稍早之前就曾說過。此外，區塊鏈會將相同資料提供給所有參與者使用，依然不是理想的資料儲存選擇。

儘管如此，你可能還是會希望記錄某些與客戶相關的事件。幸好，區塊鏈提供其他隱私保護機制，例如資料加密和透過安全通道的離鏈（鏈下）資訊交換。確切措施會依你所使用的區塊鏈或DLT而異[65]。

接下來呢？

正因為每個組織的情況不可能一模一樣，因此「部署」階段沒有所謂正確的方式可以適用於所有組織而不出錯。如果你遵循我所勾勒的所有步驟，勢必能將成果上線後發生問題的機率降到最低，避免專案日後偏離正軌。

顧全「探索」、「設計」和「部署」階段的所有步驟之後，你就可以滿懷自信，不僅在組織內可以確認區塊鏈應用計畫確實可行，為客戶提供成品的方式更是奠基於可穩定維持的根基之上。至此，你的應用程式或平台看起來應該更像解決方案了，而你也朝排除起初鎖定的問題更邁出一步，而非只是打造一件華而不實的工具，只能擺在工具箱內閃閃發亮而無實質用處。

重點摘要

「部署」階段主要涵蓋區塊鏈應用程式或平台的上線工作。

此階段需考量的重點包括：

- 採取階段或直接上線的方式推出應用程式或平台。但只有在法規或競爭壓力下，不得已才考慮選擇直接上線。
- 如何協助客戶開始使用——讓客戶分批上線會比較好。
- 為客戶和支援團隊提供適當培訓。
- 利用品質文件、支援人員以及適當的監控和分析工具，確保支援資源充分無缺。
- 維護和版本管理模式。

若有法規限制需要遵守，或許也有必要聘請法律顧問。

PART 3

付諸實現

既然你已清楚如何推動以區塊鏈為基底的數位轉型，並瞭解區塊鏈和DLT技術獨有、需要仔細斟酌的事項，那麼，設法執行必要步驟讓計畫成功上路，無疑成了重要的環節。

本書最後一章會提供多種資源，協助你將計畫付諸實現，此外還有更進一步的脈絡說明，讓你對自己採取的作法更具信心。

11 社群與協同合作

區塊鏈和DLT技術領域已有規模可觀的不同社群形成，這些社群除了努力維持高度多元的樣貌，也締結良好的合作關係，共同滿足企業的需求。

這都是因為全世界已然察覺這項技術所能提供的發展機會，不僅可能影響社會的多個層面，也會對商業帶來龐大的衝擊，將市場的交易效率推上全新境界。

在這節中，我將會探討上述社群何以如此獨特，並介紹業界在眾多領域中的協同合作模式。

既有觀念擺一邊

先前我曾說，能夠挑戰現有的思維，排除時常使人無法改從嶄新的視野看待既有問題或挑戰的偏見，是很重要的事。

我想有必要再次強調這點，這樣你才不會輕易走回原本習以為常的思考模式，礙於其他更迫切或立即的疑慮，而難以在現階段深入認識這項技術。

永遠會有其他事情吸引你注意，因此最適合迎向新機會的時機就是現在，而且一旦你踏上這段旅程，就不能再回頭。與因應區塊鏈興起而發展而成的社群接觸及交流，是讓自己持續獲得啟發、跟上時代脈動的絕佳方法。

獨一無二的區塊鏈社群

一旦你開始探索區塊鏈產業正在發生的事（包括加密貨幣、企業區塊鏈、通訊協定、DAO、DeFi和NFT），就會發現這比許多傳統技術領域有趣多了。原因很簡單：區塊鏈技術影響的範圍和提供的機會廣大到令人驚豔。像是知名大企業正在設法消除其業界實務對中介機構的依賴，創造新的商機，為現有和新的客戶提供價值；也有人受到幸運之神眷顧，靠著投資加密貨幣致富；藝術家創作NFT；還有激進的自由主義者希望擺脫傳統財政和貨幣體系的枷鎖。

總之，這些創新跨越不同產業、年齡、性別、收入和文化，沒有任何一群人或地理位置是這裡所指出的轉型潛能所無法觸及，你可以參加以區塊鏈社群為主的會議（像是以太坊基金會的年度開發者大會），親身體驗。

區塊鏈可實現的好處和思維相當多元，可謂目前真正獨一無二的領域，因而比傳統的新興技術領域更加有趣，而且擁抱多元價值的公司比較賺錢是眾所皆知的事實。龍頭顧問公司麥肯錫（McKinsey）二〇一五年探討上市公司多樣性的報告指出，員工種族和族群的多元程度位居業界前四分之一的公司，獲利優於同業的機率比業界平均高百分之三十五[66]。

區塊鏈產業展現高度多樣性，業界蘊藏的眾多人才遠遠更有意思，除了能從他們身上尋找啟發，或許還能借重他們的才能，為你自己的計畫奉獻心力，如此一來，你就勢必能有合適的一群人協助你推動計畫；若非透過區塊鏈為你牽線，在一般的情況下，你可能無法接觸到這些人才。

案例研究：從加密貨幣挖礦到Web3j

初次接觸區塊鏈技術，我就見識到這個社群的多元活力，相較於之前涉足的其他許多領域，簡直令人驚豔。

一切是從我組裝加密貨幣挖礦設備開始。以太坊網路原本的共識機制仰賴解決困難的數學題[67]，而顯示卡是最重要的一部分，所以我決定組裝一台專門挖以太幣（以太坊網路的加密貨幣）的電腦。

那時我需設法將多張顯示卡接到電腦主機板，並打造金屬外殼把整部設備放進去。一般的電腦外殼不適合，因為設備運作期間，顯示卡會產生大量的熱。此外還要考量耗電問題，我必須確認電源可以供應所需的電力，而且在計算所取得的加密貨幣價值後，供電成本還要能符合經濟效益。

克服了實體挑戰之後，我必須瞭解如何在以太坊網路上運作節點及管理存放資金的錢包。自此，我開始更深入研究智慧合約的開發方式，而其中的不足之處最後促使我開發出軟體庫Web3j[68]。

與雪梨的以太坊社群（當時我住在澳洲）分享我的心得後，我開始認識其他對這項技術與其前景興致勃勃的同好，過程中我才體認到，這個社群和我以往接觸的其他科技界社群有多麼不同。

比起以前我在組裝電腦和學習傳統程式語言時遇到的挑戰，以太坊帶來的各種難題完全不同。區塊鏈引領我走向截然不同的方向，我在過程中獲得很多樂趣。正是因為這樣，我才鼓勵你擁抱區塊鏈的有趣思維，因為這真的能帶你去到意想不到的地方。

協同合作是關鍵

區塊鏈本質上就是一種協作技術。公有網路在網際網路上運作，個人以及組織之間不可能沒有極高程度的協同合作發生。

就算是部署私有鏈也是如此。組織間必須彼此合作，網路才有辦法開始正常運作。當然可以借助現有的聯盟鏈，但多半會建立新的區塊鏈網路。

無論你採取哪種方法，都必須做好和其他組織協同合作的準備，這樣才能享受區塊鏈帶來的好處。

有些公司習慣將同業視為競爭對手，有時這種思維會讓他們陷入兩難。重點是在於找到能促成雙贏局面的業務，同時該業務不能是你競爭優勢的主要來源。最好是那些進展緩慢、低效率，以支援主要營收工作為定位，但不直接影響營收的業務。

許多人都會想到幾個常見的例子，包括銀行的中後台職務（主要負責結算和清算交易），或是至今不同組織間還需要遞交實體文件的產業，例如供應鏈中使用提單的貨運業。

區塊鏈能簡化這類不足以造成差異化的活動。在這些產業中，上述活動是公認的弱點環節，除了飽受批評，也常被視為整體營運的痛點，是持續導致企業效率低落、成本難以下降的元兇。若能號召不同組織齊心協力解決這些問題，由於各組織看待問題的觀點不盡相同，你也能從中瞭解思考問題的各種角度。

透過開源軟體協同合作

程式碼實際存放的位置是需要考量的事項，必須方便各技術團隊存取，以利執行區塊鏈專案。出於保護智慧財產的相關疑慮，每個組織採用開源軟體的意願不一，但勢必要有一個平台可以讓多個組織輕鬆共用及貢獻程式碼才行。

在公有鏈領域中，大部分支援區塊鏈通訊協定的程式碼都存放於開源的程式碼協作平台GitHub，也有程式碼放在GitLab，不過數量較少。這些平台提供中立的託管之處，因而吸引不少人使用。

私有的程式碼儲存庫可輕易地將存取權限侷限於聯盟成員的組織，所以如果有需要，可在程式碼層級強制執行適當強度的ＩＰ保護機制。

產業團體和標準制定組織

你可能覺得，你的組織雖然目前已加入產業團體或聯盟，但總感覺格格不入，不符合你所設定的區塊鏈目標，或者，你也許只是想要更進一步瞭解其他公司正在進行哪些計畫。對此，區塊鏈的專門產業團體就能發揮寶貴的價值。

許多組織的創立宗旨是為了協助業界採用區塊鏈，部分機構則進一步著手建立標準，促進整體採用率，此外也有組織專注於特定的產業垂直市場，長期耕耘。下頁的表格彙整了現有的組織類型，並提供區塊鏈和非以區塊鏈為主要訴求的組織實例，以呈現更完整的產業全貌。

參考這些產業組織的會員名單能有助於你決定加入哪些組織，踏出第一步，相當實用。不過請記住，除非參加這些組織只是為了讓資歷好看一些，否則勢必要投入時間和心力，才能從組織中獲得最大價值。至少指派一位（最好是幾位）人員代表出席，展現你對相關計畫的興趣並有所貢獻，以利獲取最充實的收穫。

貢獻類型可能包括：

- 透過編審流程或個人貢獻，為標準的制定工作投入心力。
- 出席工作小組會議，就你所屬組織參與的相關計畫簡報內容。

最棒的是，如果沒有明確的重點領域或工作小組能夠滿足你的業務需求，你可以自行成立（前提是必須符合產業或標準制定團體更廣泛的目標），吸引同業關注，使眾人更能注意到與你組織有關的工作內容。

	標準制定組織	開源基金會	產業標準組織	產業聯盟
核心業務	技術創新	技術創新	市場創新	市場創新
目標	訂定高品質標準，支援整體產業採用新技術。	推動開源軟體專案。	為特定產業制定標準和產品認證。舉辦論壇帶動業界討論及推行培育計畫。	成立聚焦於特定用途的產業聯盟。
實例	• 電機電子工程學會（Institute of Electrical and Electronic Engineers） • 企業以太坊聯盟	• 阿帕契軟體基金會（Apache Software Foundation） • Hyperledger	• 網際網路工程任務小組 • 歐洲電信標準協會（ETSI） • 全球區塊鏈商業理事會 • 行動開放區塊鏈倡議（MOBI） • 去中心化身分基金會（Decentralised Identity Foundation） • 歐盟區塊鏈展望台與論壇（EU Blockchain Observatory and Forum）	• 全球資訊網協會 • IBM「誠信食品」計畫（IBM Food Trust） • 摩根大通的Onyx

資料彙編來源：Ramesh Ramadoss, 'The Role of the IWA in the Standardization Landscape'[69]

案例研究：制定產業標準

過去四年來，我積極參與產業標準的制定過程，協助業界採用區塊鏈技術。最早是企業以太坊聯盟（Enterprise Ethereum Alliance），較近期的成果則是全球區塊鏈商業委員會（Global Blockchain Business Council）的ＩＷＡ（Inter Work Alliance）新聯盟。企業以太坊聯盟在二〇一七年三月成立，旨在鼓勵業界合作，達到採用以太坊技術的目的，並建立適合企業的產業標準。

二〇一七年八月，我接下技術規格工作小組主席一職，以確立企業以太坊用戶端規格為主要任務。這裡所稱的用戶端，是指以太坊網路節點所執行的軟體。電腦執行軟體後，即成為網路的用戶端。

多家廠商所開發的用戶端技術即便能以標準的以太坊軟體為基礎，提供額外的隱私、授權和效能功能，但這些功能並未標準化，是企業選擇採用以太坊技術後勢必面臨的挑戰之一。產業必須要有一套標準提供相關支援，以免企業受制於特定廠商。

我結合會員企業的貢獻並遵循全球資訊網協會等產業標準團體所採取的最佳實務作法，建立了企業以太坊架構堆疊，並在全球第一套企業以太坊用戶端規格的確立和發布工作中擔任監督的職位[70]。這個過程中，無論規模是大是小、是否以營利為目的，眾多組織都派出代表人士參與其中，匯聚成一股不容小覷的力量。藉此，我們能瞭解各方組織對這項技術的不同目標和觀點，以及體認建立規格時需顧及哪些不同的立場，學會欣賞其中蘊含的多樣性。親身經歷這個過程後，我們可以滿懷信心，確認我們建立的規格必能滿足業界廣泛的應用需求，若只在單一組織內閉門造車，絕對無法擁有這般體認。

籌組聯盟的注意事項

你也許發現，你的組織比較適合加入既有的聯盟，或者自行開創一番天地。現有的聯盟可提供必要的基礎設施和平台供你使用，從技術面來看，這的確可以減少整體工作的困難度。縱使你勢必需要克服一些法規上的障礙，但主持聯盟的組織或基金會極有可能為你帶來一些優勢。

如果你要自行籌組聯盟，需設法為所有會員提供所有法律框架和技術要件，前一節曾說明其中幾點。

不同於其他類型的產業團體，聯盟可以定位為營利或非營利性質，進而可能在其他層面衍生出額外的考量，例如智慧財產和反壟斷聲明（以防會員間可能私下共謀）。

商業區塊鏈聯盟時常由創始企業以合資公司的形式出現，以專門的實體建立及支援聯盟，大致上就像傳統聯盟一樣[71]。

重點摘要

區塊鏈社群具有多元的色彩，對社會的方方面面可能造成大小不一的影響，因而賦予區塊鏈獨一無二的發展機會。

除了個人層級的合作之外，區塊鏈協同合作的風氣更延伸到企業界，為了解決某些足以影響產業的棘手挑戰，而促使企業之間同組大型的區塊鏈聯盟。

開源軟體為協同合作奠定技術層面的基礎，各種會議、產業組織和標準制定團體則跨越個人和組織，提供攜手共事的平台。

相關的區塊鏈產業團體包括：

- 去中心化身分基金會。
- 企業以太坊聯盟。
- Hyperledger。
- 全球區塊鏈商業理事會。

知名的區塊鏈大會包括：

- CoinDesk的共識大會。
- 以太坊基金會的開發者大會。
- Hyperledger全球論壇。

12 創新與風險

推動全新的創新計畫從來就沒有所謂的完美時間點，就像沒人可以每次都在股市最高點出脫手上的股票。每一個輝煌的成功案例背後，都是歷經成千上百次失敗。我們都想將風險降到最低，因此務必明白，這些挫折能提供後續精進的重要機會，打下穩固的創新基礎。

只要能有所收穫並妥善分享，組織內就能產生珍貴的資產，化為知識保存下來。無論競爭對手進展到什麼階段，重要的是，你必須抱持創新者的思維，並以正確的心態看待創新這件事，而這就是本節所要探討的主題。

創新的兩難

克雷頓．克里斯汀生（Clayton Christensen）在他獨具開創性的著作《創新的兩難》（*The Innovator's Dilemma*）[72]中指出，現有的公司礙於不確定創新究竟能否帶來好處，因而認為創新是件錯綜複雜的差事，而不願將此視為首要之務。這種風氣導致業界形成一種常見的困境——舊有的公司慘遭新公司顛覆，因為後者全力擁抱新技術帶來的架構典範，找到創造新型產品的方法。

有些眼光較遠的公司試著在現有的業務中實行新的創新之舉，但無可避免的是，這些創新並非必定能為既有的產品或服務創造直接價值，導致試驗計畫就此落幕。有些公司則根本不願賭上產品或服務的誘人利潤，換取可能顛覆自家業務的產品。

當然，你一定不想掉入這些困境，而且既然你已讀到這裡，只要留心前文提及的重點，你就不太可能重蹈覆轍。

第七節曾談到需採納新的典範，以新的視野解析組織，徹底顛覆現狀。你必須時時留意各區塊鏈生態系的開發動態。如能秉持這種態度，你一定不會犯下只將區塊鏈平台視為另一種儲存技術的謬誤。我們一再看到企業走上歧途，以使用資料庫的方式看待區塊鏈或DLT，在帳本中放入太多資料。與其參考公司內部已建立的架構實務，更應研究帳本技術的廠商如何規劃其公用程式庫的結構和框架，或仔細檢視熱門公有鏈通訊協定的智慧合約，甚或專案本身。

有鑑於這點相當重要，我要不厭其煩地重申：切勿試圖將現行的應用程式或架構典範原封不動地套用到區塊鏈或DLT。

儘管有些組織只是不願承擔打亂自家業務的風險，但是眾多的知名案例顯示了這種策略的失敗。想想特斯拉，當初崛起的速度令人難以忽視，其市值更是超越豐田（Toyota）、福斯（Volkswagen）、戴姆勒（Daimler）、通用汽車（General Motors）、BMW、本田（Honda）、現代（Hyundai）、飛雅特克萊斯勒（Fiat Chrysler）和福特（Ford）等多家車廠的總和，成為最有價值的汽車製造商[73]。這些公司全都一度裹足不前，未能迅速果斷地投入龐大資金發展電動汽車。早在一九九六年，通用汽車就曾推出首款量產電動車EVI。雖然EVI備受消費者歡迎，但通用汽車認為，電動車在車市屬於無法獲利的小眾商品，最後報廢了大部分的電動車[74]。要是他們定義的成功標準能夠吻合消費者真正想要的樣貌，在內部分享這些精闢洞見，讓這些想法得以積聚成內部動能，就有可能造就截然不同的觀點，使開發計畫免於遭到高階管理團隊否決，現在回顧起來，高層當初就是過度執著於錯誤的內部標準產業指標，才做出錯誤決策。

相對地，有些知名公司努力實行這種顛覆思維。看看微軟多麼努力趕上雲端運算和開源軟體的浪潮，即使長久以來，他們的核心業務始終是銷售自家作業系統和生產力應用程式的授權，並耕耘內部部署的伺服器和電腦市場。當市場上出現雲端運算，乃至微軟核心軟體商品的免費瀏覽器版本時，微軟的市場地位便受到挑戰。這家企業不只在組織的層級上盡力調整自己的市場定位，並在薩蒂亞・納德拉（Satya Nadella）的領導下更加成長茁壯，市值達到將近兩兆美元，靠著雲端運算、軟體授權、電競和自家的Surface電腦建立起多元的營收來源。

職涯風險

如果你擔心個人職涯可能受到影響，自然會盡可能地規避風險。畢竟，誰希望自己的形象和眾所皆知的失敗案例有所連結，成為別人眼中那個害組織損失數百萬美元的罪魁禍首呢？（況且如果把這筆資金投入其他計畫，說不定成果會更豐碩。）反過來說，如果你成了某個知名成功專案的代表人物，當然能為你的職涯發展帶來可觀的紅利。

誠如損失規避原則（loss-aversion principle）所指出，同值的損失和收益，前者總是令人更難忍受，因此為了因應對風險的顧慮，你必須確認企業文化是否支持創新過程中不可避免的賭注。畢竟在某個層面上，創新就像擲骰子，丟出去後才能知道預設的構想或創新能不能提供所期望的回報。如果事與願違，那就要付出代價，只不過在一開始，永遠沒人可以保證最後是否會成功。但只要組織擁有適當的內部文化，足以支持你承擔不確定的風險，就沒關係。

要是組織內部不支持你冒險，而你真心感覺遇到瓶頸，無法確定最終能否獲得好的結果，我會鼓勵你繼續往下閱讀，下一節會說明這個問題的解套之道。最糟的情況是，如果你在翻閱一本講述創新的書，過程中就已覺得沒有機會獲得推動改變所需的支持，而這樣的改變有其必要的話，或許你應該另謀出路，找到願意投入資源推行創新策略的組織。畢竟，沒有什麼比困在一個領導才能不受重視的地方更慘的了[75]。

案例研究：延續將近兩百年的創新

如果你擔心自家公司或產業太保守或過度規避風險而無法採用創新技術，不妨參考我們的其中一名客戶：創立於一八二九年的保險公司Wakam（原La Parisienne）。

Wakam深知，想在市場上保有領先地位，持續創新是至關重要的關鍵。於是，他們率先採用「保險商品即服務」（Insurance Product as a Service）全新型態的保險平台，自動化管理保單理賠作業。

Wakam的區塊鏈開發主管亨利．里尤托（Henri Lieutaud）直言：「區塊鏈技術提供保險和理賠資料的單一事實來源，在設計和承銷保險商品以及提出理賠申請的各方之間，提升匯款效率，對於保險商品即服務的開發工作具有舉足輕重的地位。」

Wakam將所有要採用保險商品即服務的保險合約搬遷完成後，如何讓資料可以輕鬆存取及追蹤，就是緊接著所面臨的挑戰。公司必須確保可以順利查詢資料，讓一切以業務為中心流暢運作，免得區塊鏈喧賓奪主。藉由我們的Epirus Blockchain Explorer，他們可以利用平台上的區塊鏈功能，快速又輕鬆地查詢資料，讓資料更加井然有序。

「Epirus Blockchain Explorer幫助我們將資料整理得更有條不紊，是我們的得力助手。」

這個平台的規模必須快速擴充。首批多達六萬份智慧合約匯入平台才過兩個月，合約總數就正式突破十萬份。現在，這家公司在平台上的保單已超過六十萬件，超過保單總數的一成！里尤托對這個結果驚訝不已，認為Epirus Blockchain Explorer居中扮演了非同小可的重要角色，公司才能在面對如此快速的業務成長時，成功滿足所有需求。

「受惠於Epirus Explorer彙整資料和運用技術的方式，比起發出遠端程序呼叫（remote procedure call）要求，使用REST（representational state transfer，具象狀態傳輸）的應用程式介面更加容易。我們不必自己部署所有環節，而且Web3 Labs的客服很快就能解決遇到的任何問題，為我們省下寶貴時間。他們還參考了意見回饋來研發新功能，滿足我們的使用需求。」

管理不利風險

轉移創新賭注所帶來的不利風險，是門相當重要的學問。務必先設想好一套方法，以確保你不會操之過急，而是按部就班地構思，繼而逐步打造全新的平台或服務。先前之所以定義出明確的三個階段，就是為了提供你一套方法，輔助你在這條區塊鏈創新之路上判斷自己需要多少資源。

隨著你在「探索」、「設計」和「部署」程序上越走越遠，你的組織勢必需要投入越來越多資源。各種假設引領著你循序前進，而透過驗證這些假設，你開始有所進展，如果最後證明你當下選擇的路徑不適合繼續下去，還能另尋他路。處於「探索」階段的時候，不必急著爭取全面部署所需的預算，這樣就還能將投資的不利風險控制在你和其他不同利害關係人感覺舒適的水準。

重點摘要

投資現有產品和服務以及推動創新計畫，兩者之間必須達到平衡狀態。

如果公司未能將創新列為要務，長期下來往往難逃市場地位遭受挑戰的宿命，新進的競爭者勢必能端出新型態的產品，顛覆市場現況。特斯拉和微軟是兩個廣為傳頌的實例，而且兩者的企圖不同：

- 顛覆市場（特斯拉）。
- 顛覆自家既有的業務（微軟）。

創新計畫要能成功，你的組織除了應該給予支持，還要設下適當的控管機制，如此，創新才會是精心計算的「賭注」，而不是負債或風險。

13 敏捷

生活中唯一不變的就是改變，區塊鏈和DLT也不例外，時時都在快速演變。重要的是，你要能夠體認到這點並瞭解因應之道，以確保你的公司可以順勢而為，而不是在產業經歷顛覆性的發展時陷入落後的窘境。

現在，我們要更深入介紹區塊鏈令世人嚮往的魅力所在，清楚指出此領域的進展速度究竟有多驚人。

區塊鏈是通用語言

想像一下，要是語言隔閡不再是商務交易的障礙，世界會有多美好。如果你向其他公司提出整合某項新服務的提議時，對方能立即明瞭服務的目的和設計方式，雙方的共同認知中沒有任何模稜兩可、含糊不明之處，該有多好。

透過通用語言跨越不同組織之間的隔閡，建立起彼此的信任，是本書談論區塊鏈背後所隱含的重要概念之一。不過，如果要針對發生的交易或事件（涵蓋你和其他公司的業務），從描述中定義所用的語言，我希望你能從簡化的角度，多想想這個概念能產生什麼作用。

過去這些年來，業界開發了多種通訊協定，協助不同企業之間加速交換資訊。金融業的FIX通訊協定和FpML就是兩個例子。其他產業則有X12電子資料交換（Electronic Data Interchange）格式和財務報告語言（eXtensible Business Reporting Language），促成商業資訊交換。

這些通訊協定提供傳訊格式來支援點對點的資訊交換，但交換資訊的各個組織必須個別更新其內部狀態，這其中仍有不同挑戰需要克服。

區塊鏈和DLT網路可將這些商務交易相關聯的內部狀態移到組織之外一個共用的位置，所有需要使用資料的人都能存取。這些分散式網路提供標準化通訊協定或應用程式介面，讓使用者能搭配使用，以不同組織都能同樣理解的方式大幅簡化彼此間的通訊作業，因而消弭組織以往通常會遇到的嚴重通訊阻礙。

思考能實現哪些理想時，上述典範可說蘊含相當驚人的力量，其帶來的好處就如同由外部組織提供共享服務，但使用者不必負擔採用小眾通訊協定的開銷，服務商和服務使用者之間傳輸資訊也能保有透明度。這一切還是要歸功於區塊鏈的去中心化本質，以及區塊鏈提供的通用應用程式介面。

共用層也能跨越組織間的藩籬，加快解決方案的建立速度，使所有人享有更多的創新機會。

歡迎來到蠻荒之地

法規總是落後於大多數創新。目前加密貨幣還處於西部拓荒時代，新區塊鏈通訊協定就像前線的城鎮一樣正在興建，而在協定的基礎上，專案才得以展開。

這種變遷速度不會永遠保持下去。法規將會制定出來，雖說是要保護消費者，同時也會拖慢實體企業在此領域的創新速度。不照規則行事的組織將會遭罰鉅款，目的就在於建構起安全網，讓可能沒那麼瞭解區塊鏈的大眾可以更信任這項技術一些。

既有的法規時常是在技術創新出現之前就已制定，因此顯得固陋陳舊，幸運的話，這些法規會隨著更新。以一九三三年證券法為依據所制定的豪威測試（Howey Test）就是經典實例。豪威測試可決定交易是否符合投資合約的條件，如果符合，交易就會分類為證券，受監管法規所規範。

儘管這類法規確切的規範形式尚不可知，但要是有天終於出現，可能就會影響公有鏈的整體創新速度，衝擊加密貨幣、代幣、穩定幣、NFT和DeFi。

耐人尋味的是，並非所有創新都是以這種方式演進。我們已看到Facebook、Google、Amazon和其他科技巨頭能在毫無受限的前提下發展茁壯，直到最近才開始出現資安方面的法規，予以約束。

吳修銘（Tim Wu）十年前就指出[76]，所有現代通訊技術（電話、廣播、電影、電視）都不可避免地受到政府的管制和企業的控管。在某些例子中，這樣的規範致使重大產業延遲了好幾年才興起。美國聯邦通訊委員會（Federal Communications Commission）就曾阻止電視的演進，就像更早之前為了避免打亂AM廣播電台的市場，而強加管制FM廣播電台一樣。

無論何時針對產業制定法規，不僅都會阻礙創新，也會影響企業的發展。

較知名、規模較大的企業已設法建立起可創造利潤的商業模式，帶動穩定成長，這類公司時常成為產業的新代表，他們有能力承擔法規衍生的成本（有時還能提出專業意見，協助政府立法），進而樹立起新的阻礙，使新進的競爭者或較小的公司難以跨越。

看看從古到今備受管制的金融業。金融科技起初是在市場區隔下，以一個子領域的定位崛起，企圖顛覆金融業的現況。然而，隨著這個領域逐漸發展，許多新興公司找不到賺錢的商業模式，只能銷售貸款產品。金融科技公司最終依然還是使用金融產業的傳統支付和清算基礎設施，這些都是他們曾希望推翻的營運方式。這是個高度管制、錯綜複雜的生態系，會有這樣的結果無可厚非。

這段廣泛試驗、快速成長的時期會如此重要，是因人們可以把握這段期間的機會，深入瞭解區塊鏈和DLT技術的運用方式，否則在不知不覺中，情勢就會演變成既有產業那樣，位處金字塔頂的那群人拿走最多的資源和市場，誰輸誰贏就此確立。你要做的，就是儘早爬到頂端，以免為時已晚。

免費的公關話題

「沒有消息就是好消息」並非讓投資者心情愉悅的好策略，公司參與區塊鏈相關活動，自然可能會對投資人帶來正面觀感。

即使會擔憂因為錯估機會而可能產生沉沒成本，或機會未帶來合乎預期的報酬，使組織未能朝「探索」的下一個階段邁進，但在這個過程中，你終究還是學到了不少，而組織擁抱區塊鏈的消息，當然能吸引媒體給予正面報導。

無庸置疑的是，就算你不採用區塊鏈，投資人或領導團隊的其他成員勢必也會單純因為區塊鏈產業的顯著成長，而向你詢問相關資訊。能夠向市場釋出組織的相關消息，不僅有助於滿足支持這項技術的大眾，也能引發外界對組織動態的熱烈討論，進而形成正面觀感。

這樣的正面形象還能進一步傳達給員工和潛在的新進人員，他們無疑會喜歡和具有前瞻思維的公司並肩努力，贊成公司把握這項技術帶來的機會，而不是只把這視為威脅。

你的船有多敏捷？

我喜歡用航海來形容一家企業，事業營運可以像是挑選最棒的創新浪潮並迎頭趕上，抓穩浪頭後乘風前進，將企業帶上新的高度；或像一艘大船穩健地航行於充滿危險的大海，護送你抵達一個又一個港口。

繼續延伸這個比喻的話，小公司就像快艇可以快速移動，隨著眼前的海況變換航道；較大型的組織則比較類似於貨輪，船上載著鉅額價值的貨物，一旦出航，龐大的船體較難因應周圍的環境狀況迅速改變航向。

這樣的貨輪思維也可能伴隨著一種想法，那就是認為產業不太容易出現變動。然而，商場如海洋，瞬息萬變，偶爾會有不尋常的事件或異常情形發生，組織不得不快速回應。要是出現極端狀況，船隻終究必須冒著翻覆的風險，被迫快速轉向。

案例研究：銀行業的區塊鏈應用

銀行巨頭摩根大通很早就看見區塊鏈為其事業帶來的機會，在二〇一六年十一月發表其獨家版本的以太坊，名為Quorum。在以太坊的基礎上，這個區塊鏈可提供額外的隱私保護、效能和授權功能，滿足企業本身對私有鏈的各種需求。

雖然該平台可廣泛與以太坊技術相容，但仍缺少特定的功能支援。當時Web3 Labs團隊已推出備受歡迎的區塊鏈程式庫Web3j，因此加以改良，使其得以支援Quorum的隱私功能，讓全球更多企業使用者可以順利使用該平台[77]。

Web3 Labs與Quorum團隊同心協力，協助摩根大通建立周圍的生態系，讓更多使用者能成功採用該平台。

儘管這是採用區塊鏈技術相對早期的案例，但全球數一數二的大銀行能願意接受協助，適時把握該技術提供的機會，正好顯現這類組織能在有需要的時候展現高度敏捷的特質。

網路效應

無論你感覺所在產業或組織的變遷是快是慢，變動速度都不會是你面對機會時遲遲不願仔細評估並放手一搏的好理由。區塊鏈產業的成長速度驚人：網際網路的用戶數從一．三億增加到十億，前後歷經七年半[78]；光是比特幣網路的使用者人數，預估二〇二五年前就能達到這個規模，不包含其他熱門的區塊鏈網路，以及建構於這些區塊鏈的去中心化應用程式。

如果這還不能說服你，不妨看看加密貨幣在網路效應的帶動下價值增長的速度[80]。二〇一四年經由眾籌投資公有的以太坊網路兩千美元，二〇二一年一度增值到一百二十萬美元[81]，如此驚人的漲勢反映出以太坊給人的感知價值有所提升。梅特卡夫定律（Metcalfe's law）正可以描述這個現象。該定律指出，網路的價值是連線使用者數的平方[82]。更具體來說，區塊鏈的價值會隨著網路中活躍使用者的數量而增加，而所謂活躍的使用者，則可能是網路節點、有效運作的錢包或去中心化應用程式。嚴格來說，雖然加密貨幣的用途是為區塊鏈提供實際效用，不該直接視為網路的價值，建構於加密貨幣之上的應用程式才應該是網路價

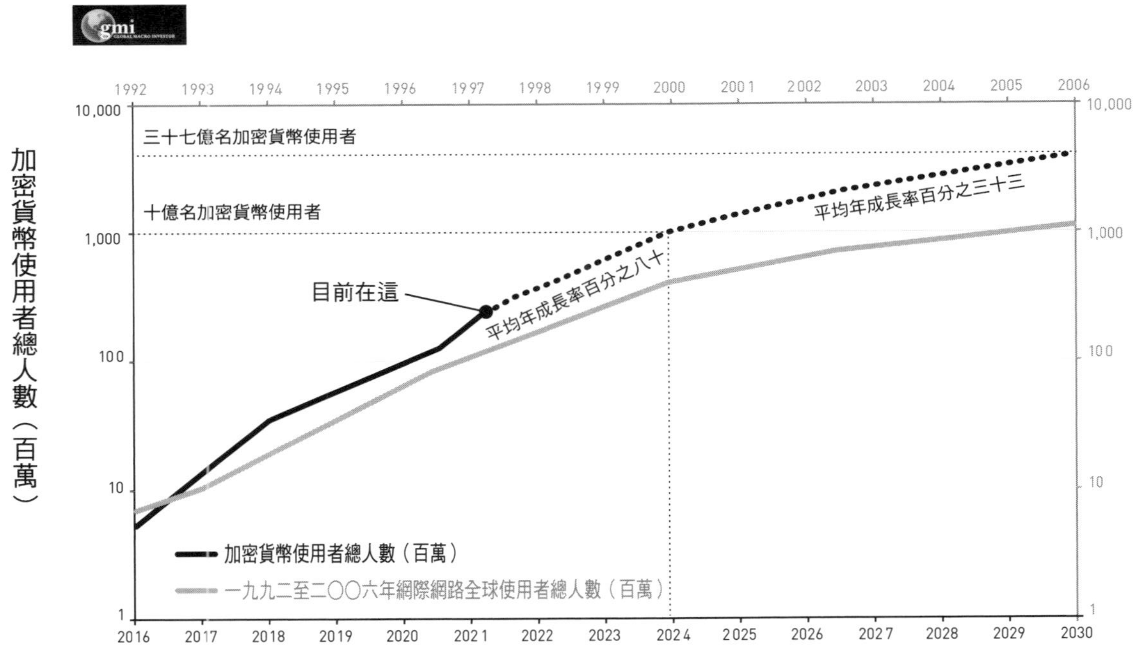

加密貨幣和網際網路使用者成長速度比較圖（資料來源：拉烏爾·帕爾〔Raoul Pal〕）[79]

值的真實呈現。但就目前而言，坊間對加密貨幣價格的預測似乎還是與底層網路的熱門程度脫不了關係，以太坊和以太幣就是一個例子。

透過代幣將價值附加於區塊鏈網路，以及驅動價值攀升的各項因素，正是代幣經濟的核心教條。區塊鏈網路應利用誘因機制，為所有網路參與者創造有吸引力的結果，而這裡所指的參與者，包括持有代幣以與網路互動的使用者，以及負責驗證交易及維護實際網路安全和完整性的使用者。要取得適當的平衡並不容易，不過正因如此，代幣經濟模型才成為眾人爭相研究的主題。

在這樣的成長速度之下，區塊鏈可望為產業帶來改變的速度勢必驚人。深思熟慮後對這項技術投入資金並非豪賭一場，更像是買份保險，有助於保護組織免受規模更廣大、足以顛覆現狀的劇變所影響。

隨著這項技術不斷發展，以加密貨幣為代表的全新資產類別已然形成，而加密貨幣為投資人創造的投資報酬勝過其他幾乎所有資產類別（縱使價格劇烈波動，但每種類型的邊境資產〔frontier asset〕都是如此）。

DeFi生態系以幾近迅雷不及掩耳的速度應運而生，創造的資產收益超乎傳統銀行界和金融市場所能及。主流穩定幣USDC是與美元一比一錨定價值的數位貨幣，包括高盛（Goldman Sachs）和富達（Fidelity）都持有這種資產，投資人可透過主要的DeFi借貸平台獲得超過百分之八的報酬[83]。

同樣地，ＮＦＴ生態系中有太多數位藝術品交易活動在進行，像是藝術家Beeple的《每天》（*Everydays*）以六千七百三十萬美元的天價賣出，成為最著名的例子，在很多情況下人們可能無法理解這樣的價格[84]。背後促成交易的技術周全完善，提供可透過數位方式證明的所有權和出處證明，這是以往使用集中管理式服務所辦不到的事。

這些廣泛引用的案例都真實發生在公有鏈領域，當然企業區塊鏈也不遑多讓，下文很快就會談到。

當然，以上概述的公有鏈資產都有風險，我寫這本書的目的並非提供是否應買賣加密貨幣或穩定幣的投資建議，也不是要辯論是否應投入DeFi和ＮＦＴ的懷抱。重點應該是：這些新的基礎設施和生態系以前所未有的速度建立起來，為生態系的參與者創造了新型態的價值，已對產業造成翻天覆地的衝擊。

重點摘要

區塊鏈等於提供一種共通的技術層，使組織能將業務交易相關聯的內部狀態外部化，簡化跨組織的通訊作業和信任機制。

儘管目前已有法規管理多種數位資產（例如加密貨幣），為因應DeFi快速發展，法規仍在持續制定中。這能促使DeFi和其他近期創新快速演進，但同時也會對這些領域產生衝擊，畢竟法規的目的在於保護消費者。

網路效應（如梅特卡夫定律所述）協助網際網路、全球資訊網和社群網路快速成長。區塊鏈技術的普及速率也呈現類似的現象。

14 找到合適資源

就像我們總是在生活中尋求健康、時間和財富的最佳組合（通常結論是時間遠遠不足），你可能因為缺乏資金、人力或專業能力，而感覺在組織內能夠運用區塊鏈或DLT達成的理想多少受到侷限。

想確保擁有適當額度的資金，最終還是要拉攏合適的利害關係人，說服其資助任何新的計畫。至於如何應對這類洽談，做好充足準備，最後一節會更詳細說明。除非你擔任的職位正好有專用預算可以自由撥給創新工作使用，否則大概都需設法去爭取。這節就來進一步探討這個主題。

區塊鏈專家誕生

LinkedIn在二〇一九年底發布一份報告[85]，探究哪些工作技能最受公司行號青睞。區塊鏈不僅在該年首度入選，而且位居榜首，領先雲端運算、AI、UX設計、商業分析和銷售等能力。

如同第五節所述，隨著全世界籠罩於新冠肺炎的陰霾之中，區塊鏈迅速崛起，出現從未料想過的發展。全球原本就供不應求的專業能力組合，隨著區塊鏈成為熱門領域，現在不論是領先業界的區塊鏈公司，還是成長強勁的新創公司，所有企業不得不卯足全力搶人才。

從實務面來看，則意味著不一定有什麼顯而易見的途徑，可以輕易找到推動區塊鏈計畫所需的合適資源。

發展新技能

如果你有部分人力資源可以任意調度，或許能安排他們學習區塊鏈技術的相關技能，並與培訓服務商合作規劃。然而現實情況是，區塊鏈結合了分散式系統和加密學的概念，除非你的員工早就具備這些領域的專業能力，否則至少需要六個月的培訓時間，員工才有辦法轉型成具有所需知識的可用資源，擁有成功建置區塊鏈或DLT應用程式所需的正確思維和認知。

另外還有一種風險真實存在。哪天員工打好了應用這項技術的基礎，就有可能離開去追求利益更大的機會，或決定打造自己的DeFi通訊協定或NFT產品。只要你在LinkedIn這類平台上尋覓擁有區塊鏈專長的人才，相信我，當你主動接觸，會發現不少人的回覆都是這麼開頭：「我那時並不打算換工作，不過有個人在LinkedIn上和我聯絡，他們公司在做的事情聽起來相當有趣。」換句話說，如果你的組織在這項技術投入越多資源，提升內部人員的能力，在目前的大環境下，這些員工很容易就轉身離去，另謀高就。

這種人才短缺的現象會逐漸緩解，因為技術人才會開始受到吸引而自行學習區塊鏈和DLT技術，進而去應徵眾多的就業機會。因此，儘管目前不太容易找到合適的人才，這樣的現象並非永遠不會改變。

建立合作關係

解決專業人力配置困境的可能解套方法之一，就是尋找適當的合作對象，而那些公認在這領域裡具有專業能力並有所貢獻者，即為理想人選。

尋找合作夥伴時，務必選擇立場中立且與你信奉相同價值觀的實體，這樣你才能與其建立彼此互信的關係，開誠布公地討論哪些解決方案最能滿足你在業務上的需求，同時也才能理解他們的動機。公有鏈和加密貨幣圈中有許多派別，有一派推崇極端的主張，認為比特幣是數位資產領域唯一的霸主，除了比特幣之外的其他加密貨幣都是「垃圾幣」（shitcoin）；與此相對的是，另一派認為比特幣和以太坊網路的根基設計都有瑕疵，注定會失敗，但這些網路已經建立起更優異的技術，足以為其解套。

企業部署中或多或少可以看見這種分門別派的現象。畢竟如同上一節所述，如果某企業都已投入大量資金推動特定的區塊鏈專案，就沒理由不希望看見理念相同的社群連帶成長茁壯，進而藉由網路效應鞏固其所選平台的地位。

也就是說，雖然與你合作的夥伴或許最常使用某個特定平台，但他們不該將其他主流平台排除在討論之外，除非他們能在溝通的過程中提出你也覺得合理的有力論述。新平台和技術層出不窮，而你選擇採用的項目之間，務必要保有恰到好處的平衡。

實際與潛在的合作夥伴討論這類事務前，回頭去參考我們對於成功部署區塊鏈所樹立的原則（web3labs.com/resources）會有所幫助。

案例研究：企業以太坊的隱私保護

以太坊用戶端Hyperledger Besu是ConsenSys Quorum的關鍵元件。Quorum是領先業界的企業以太坊變體，原本由摩根大通創立。ConsenSys想強化Besu的隱私保護，以針對這項技術鎖定的潛在採用對象，符合其對隱私防護的規定。我曾在二〇一七年參與Quorum的初期開發工作，在其「安全隔離區」（secure enclave）技術中貢獻一己之力[86]。第十三節曾提到，我們還因應該平台的需求特地改造Web3j，因此Web3 Labs成為ConsenSys的合作夥伴可謂合情合理。

Web3 Labs負責為Besu提供幾項隱私增強功能，例如隱私群組與在私密交易中動態修改參與者的功能，使Besu能夠符合ConsenSys企業客戶的隱私需求。我們也將這些功能導入Web3j程式庫，確保開發人員能把這些增強功能輕易整合到他們的企業應用程式。

雖然這只是Hyperledger專案底下的子計畫，但確保能有多家組織可以支援及維護這些區塊鏈技術，實則符合全體利益，再加上Web3j Labs支援Hyperledger Besu，專案周邊的生態系得以進一步拓展。

既有的合作夥伴呢？

那專精於ＡＩ、區塊鏈和物聯網的境外軟體公司呢？相信你也跟我一樣，時常收到不同公司的合作邀約，他們的區塊鏈專家可以較低的成本為你打造應用程式，收費遠低於其他組織的報價。或是在你目前合作的供應商中，有幾家已經完成廠商採購程序，宣稱握有資源能為你提供協助。

事實或許如同這些廠商所稱，但誠如前文所述，打造去中心化應用程式的主要挑戰之一，就是太多人只把區塊鏈和DLT視為另一種儲存技術，他們也許有能力建置所謂的去中心化應用程式，但事實上因為對於去中心化技術缺乏細膩理解，而始終未能跳脫傳統的技術典範。

認知錯誤所造成的代價高昂。這類人員或許具有完成工作的技術能力，但要確認他們是否以正確方式處理應用程式，為你提供理想的成果，唯一的方法是找到在區塊鏈和DLT技術上擁有紮實表現的人才，讓他們從一開始就參與專案。

併購

當然，如果你有充足的現金儲備，也能選擇等待業界出現閃耀的新創公司或異軍突起的企業，買下他們的員工和智慧財產，如此就能在你自家的業務中快速運用區塊鏈。

這麼做可能還會成為媒體焦點，吸引投資人關注，但這樣的併購長期下來是否能發揮成效，則較無法確定，併購交易的失敗率大約落在百分之七十至九十左右[87]。員工流失率也時常很高，更別說要整合新併購的公司相當耗時，而且錯綜複雜。如果兩家公司的企業文化能夠相輔相成，的確能有所幫助，但很多時候這種賭注的不確定因素太多，沒有太多人願意承擔風險。

生態系基金

不是只有想嘗試建構去中心化應用程式的公司需設法克服延攬人才的種種挑戰，提供區塊鏈平台，讓組織可以在平台上打造應用程式的科技公司，也會遭遇相同的困境。

光是二〇二一年第一季，一百二十九家區塊鏈和加密貨幣新創公司就籌募了大約二十六億美元的資金，比二〇二〇年一整年的金額多出三億美元[88]。眾多新創公司手握大把現金，競相爭奪人才，使產業的競爭越演越烈。

建立新通訊協定或社群的科技公司發現了這個現象，於是許多公司也著手募資數千萬美元，打造自己的生態系。在這些計畫推波助瀾之下，許多高品質的開源軟體應運而生，輔助使用者更容易使用這些平台。

儘管與這些區塊鏈通訊協定公司聯手合作，運用這項技術掌握新的商業機會，算是稍微不同的作法，但這正好顯示出，所有使用區塊鏈的組織的確都會受區塊鏈技能短缺的問題影響。此外這也能確保，這麼做並非只是在其他組織立下的基礎上發展自家業務，同時也直接鞏固了基礎，並促使整個生態系日漸茁壯。

案例研究：與Web3j共同打造生態系

R3的Corda平台是專為企業研發的許可制DLT平台，在嚴謹的隱私防護措施之下，企業間可直接進行交易。新的去中心化應用程式可在該平台上輕鬆建置及測試，使既有的R3產品使用者甚感困擾。

R3注意到不少人使用我們的開源程式庫Web3j來整合以太坊，因而動起能讓Web3j和Corda搭配運作的念頭。最後他們找上Web3 Labs，合力開發一個可置入Corda的Web3j程式庫版本。

我們的工程師研發出新版本的Web3j，該版本不僅能減少採用Corda的阻礙，也能為開發人員提供前所未有的全新端對端測試設備，使其能在本機上輕鬆模擬實際環境的部署作業[89]。這對R3無疑是雙贏局面。不只該公司的合作夥伴可以自行打造基礎設施，以支援其使用R3的平台，進而擴展平台的生態系規模，工程團隊也能將大部分心力留給核心產品的研發作業和相關專業工作，強化Corda。

何為最佳解？

關於尋找所需要的資源，我們可以得到什麼結論？壞消息是，除了財務上的困難之外，想迅速培養出合適的專業能力，可能並不容易。

好消息是，有人深信，缺乏專業或相關知識不應成為組織擁抱區塊鏈技術的阻礙，因此專營此領域的公司紛紛成立，提供支援。想要發揮應有的潛能，讓組織能親自體會區塊鏈所能創造的優勢，就需要有企業專用的適當產品生態系（例如整合程式庫和業務分析工具），協助技術在組織內紮根。在多家平台供應商合作支援下，組織可隨時依據所使用的平台，確實選擇適當的工具。

你的公司最不應該做的事，就是單方面認定服務商不瞭解你從事的業務，或只是虛應了事地將區塊鏈和DLT列入冗長的新興技術清單，以待日後有機會使用。你必須找到專精小眾領域的供應商，且至少對方必須可以確保你朝正確的方向邁進，或為你提供端對端服務，引領你從「探索」順暢地走到「部署」。

重點摘要

區塊鏈是各方爭相追求的技能組合。如果你的組織沒有適當資源，你可選擇和擁有這類專業的合作夥伴攜手共進。

以下核對清單可幫助你仔細審查潛在的合作夥伴。如果合作夥伴無法滿足以下所有標準，至少要符合大部分條件：

- 加入與區塊鏈產業相關的組織或有所貢獻，例如Hyperledger、企業以太坊聯盟、去中心化身分基金會、歐盟區塊鏈展望台和論壇，以及本書結尾「資源」一節提及的其他機構。

- 開放區塊鏈產品免費試用，或提供可免費使用的開源產品。
- 透過社群媒體平台、部落格文章、podcast或影片定期發表真正實用的內容，或具有足以引領業界思維的地位。
- 與領先業界的區塊鏈公司合作，例如R3、ConsenSys和IBM，或使用「資源」一節所列的知名公有鏈通訊協定。
- 員工在相關的產業會議或活動上擔任講者。
- 業務內容有相關的案例研究作為根據。
- 經手過領先業界發展的數位轉型計畫。

15 如何說服董事會採納區塊鏈

關鍵時刻終於到來。你看中區塊鏈的潛在機會，如果可以獲得決策者適度支持，組織將能獲益良多。現在唯一的問題是，你必須讓這些人買單。

一旦你能擺脫坊間認為區塊鏈是財務投機的論述脈絡，聚焦於這項技術所能創造的價值及改變現狀的潛力，加密貨幣和區塊鏈生態系的蓬勃發展不可能不令人著迷。

不管是董事會、管理委員會、領導團隊或投資人，你不僅需要確保他們成為你追求願景的靠山，還要清楚說明區塊鏈或DLT能為你的企業帶來哪些嶄新機會，使他們由衷感到期待。

本節會依序說明如何成功說服這些重要的決策者接納新的發展機會，並提供適合的背景資訊，協助他們跨過心中的坎。這個過程共有八個步驟。

成功說服的八大步驟

第一步：事前準備

向重要決策者簡報之前，務必先做好功課。你應要能認出誰是決策者，並掌握誰可能會支持或贊成你的提案。最好能有機會先與他們見面，扼要說明你想試著達成的目標。或許你可以在這個過程中納入部分後續步驟，事先取得他們的批准，才在正式的簡報中提出計畫，最後才付諸執行。

他們可能會表達疑慮，或點出你提案中可能牽涉的任何風險。對此，你應該認真看待，並在實際的簡報中確實回應或緩解他們所顧慮的問題。

取決於這些利害關係人接納區塊鏈技術的意願高低，你可能也需要花時間向他們介紹區塊鏈，讓他們能真正理解機會的寶貴之處。你可能需要不厭其煩地傳遞所要表達的訊息。適時邀請已在運用這項技術的外部人員一起簡報，有助於加強你的可信度，甚至可以在內部舉辦區塊鏈會議，累積推動計畫所需的動能。

做好這些前置作業相當重要。在你真正向決策者簡報之前，你應先預想他們可能提出哪些問題，並擬定好如何回應。

第二步：採用適當的方式

通常會預設使用投影片來做簡報，這種視覺化資料相當容易閱讀及消化。不過，務必思考是否還有其他獨具創意的方法，適合用來解說你想達成的願景。

對許多人而言，區塊鏈是個複雜的主題，也許你會覺得有必要提供入門等級的資料，簡化說明。本書第一章曾以會計帳本的比喻解釋區塊鏈，以遺囑的比喻解說去中心化檔案儲存，這些真實世界的概念應能有助於理解複雜的主題。也能結合其他資料（像是網路影片）輔助說明，BBC的影片《加密貨幣的運作原理》（*How do crypto-currencies work?*）就是很棒的例子[90]。

不管你採取哪種方法，區塊鏈可以實現什麼願景才是最重要的訊息。所以，要是有任何機制可以展示業務成果，就應優先使用，以免太多運作原理的旁枝末節導致聽眾迷失方向。一位我認識的朋友就曾利用數獨遊戲，向董事會示範區塊鏈隱私技術能如何滿足其組織需求。

也可以提供補充資料來做為背景資訊，例如這本書或書中所附的部分資源連結。畢竟，協助大家想像區塊鏈可能實現哪些願景，正是本書的主要目標（我甚至可以想辦法免費送你幾本）。記住，你的聽眾可能日理萬機，沒有太多閒暇時間，除非激發好奇心，否則他們不太可能仔細閱讀這些資源。

可以的話，不妨尋求設計師協助，確保你的簡報能夠與眾不同，從聽眾平時看膩了的眾多簡報中脫穎而出。或許你必須遵循公司的品牌設計方針而有所限制，但這不代表不值得花點時間，找人協助製作令人驚豔的簡報。我們的網站（web3labs.com/innovators）上有一份工作表可供參考。

第三步：建構願景

你得讓聽眾認同你的願景才行。這不是單方面灌輸理想，而要讓他們主動與你踏上這趟旅程，使他們和你一樣參與其中。

不論你的願景是要解決公司內所費不貲的問題（例如防止平台運作中斷、確保附屬組織呈報的資料值得採信、減少資料核對作業、降低對中介機構的依賴），或把握發展機會（例如資產代幣化或推出新產品或服務）解決組織外部的問題，都務必要清楚表達癥結所在，並從聽眾和組織利益的角度提出解決方案。

為達成以上目的，瞭解聽眾可謂至關重要。瞭解他們感興趣的商業領域，並清楚說明他們可能從中獲得哪些益處，都能幫助你博取他們的認同。

如果沒有特定的問題或解決方案需要聚焦探討，最好先就此止步，等到至少出現潛在的發展方向，再繼續後續步驟。

第四步：解釋為何現在是絕佳時機

進入這個階段後，你必須激發聽眾的興趣，使其願意瞭解區塊鏈和DLT技術目前所造成的影響，並在他們心中撒下「現在正是大好時機」的種籽。培養實踐的動能和能力需要時間，因此需要即刻採取行動。此時引用些許嚴謹、備受信任的資訊來源輔助說明，會很有幫助。

幾個優異的資訊來源包括：

- 市場情報調查公司IDC在二〇二一年預測，全球投注於區塊鏈解決方案的花費會在二〇二四年達到將近一百九十億美元，光二〇二一年就比前一年增加了五成。他們預估，接下來五年期間，這股成長趨勢會以年均複合成長率（compound annual growth rate）百分之四十八的幅度延續下去。

- 從二〇一九年開始，《富比士》便每年公布「區塊鏈前五十強」（Blockchain 50）榜單[91]，榜上企業都是產業中採用區塊鏈和DLT技術的佼佼者。組織估值或年度營收必須達到十億美元以上，表示在業界具有一定地位，才符合上榜資格。這份榜單的調查範圍橫跨所有主要產業，你很有機會可以找到同業的楷模，瞭解這些領導企業如何在你所屬的產業中運用這項顛覆現狀的技術。

第八節曾介紹實證模式的重要性，並說明你應以這種方法釐清及支持想達成的目標。即便這些資訊來源並未經過嚴格篩選，或未通過同儕審核，但這個階段的目的在於尋找有利資訊，協助你推廣一個較廣泛的願景，因此這些資訊還是很有用。

Web3 Labs的每週文章和podcast等內容[92]提供Web3產業和技術的相關消息，引領業界討論，堪稱汲取最新觀點的一大來源。區塊鏈機會頁面（web3labs.com/blockchain-opportunities）也會針對較廣泛的應用，提供些許背景介紹。

第五步：主動回應基本疑問

既然現在聽眾對你的提案充滿期待，該是時候告訴他們實際推行需要哪些資源了。假設你事前準備得宜（如第一步所述），這裡就不該出現什麼驚喜，比較需要拘謹一點，嚴肅以告。

需清楚表達的數據有：

- 投入的成本。
- 花費的時間。
- 節省的金錢或產生的營收。

無庸置疑，最後一點一定是最難準確計算的，但若能設法表達清楚，勢必能讓簡報發揮更強大的效果。如你所想，這些數據無法保證完全準確，只能在合理的假設上盡力預估。

第六步：破除常見迷思

討論區塊鏈技術時，還是有各種迷思需要破除。每次聽到有人說區塊鏈就是比特幣網路，需消耗大量電力才能運作，我總是詫異不已。

我之所以會在本書第一章大力澄清常見的區塊鏈迷思，原因就是如此。我們的網站中也羅列了一些常見迷思：web3labs.com/blockchain-myths。

務必也要確保自己擁有合適的資源，以利推動計畫。考量要點可參考前一節的說明。此外，你也要記得擬定策略。風險最低的策略是尋找價格固定且能提供端對端服務的公司合作。

還可以延續第四步（解釋為何現在是絕佳時機）所引用的部分資訊，深入解說，並援用幾個案例研究予以支持。對此，你可以選擇業界的其他組織或競爭者，探討已如何利用區塊鏈追求各種機會。或者，你也可以列舉幾家區塊鏈新創公司，介紹他們正在研發的產品將會對你公司的核心業務形成哪些挑戰，如此一來，這項技術已開始為你的產業帶來多少衝擊，便能昭然若揭。

第七步：說明如何實現願景

最後非常重要的是務必說明後續的工作。也許是開始探索區塊鏈領域，或想針對某個想法展開概念驗證。後續程序務求清晰明瞭，簡報結束後，聽眾要能獲得以下感受：

- 清楚好處和成本。
- 現在就是絕佳時機。
- 認定你知道如何付諸實現。
- 最重要的是，對機會感到振奮不已。

當然絕對還需進一步討論，一切才能開始運作，但立場堅定的簡報可以吸引注意力，爭取認同。

第八步：維持動能

簡報過後，務必維持後續的動能。和所有參與者分享簡報檔案，並開始持續提供實用資訊，協助他們掌握產業的最新消息和最新發展。提及本書提供的部分資源會有所幫助。確定後續程序的方向之前，必須維持利害關係人對這項計畫的關注。

世上沒有保證成功的方程式，但如果你依循以上所列的步驟，應能游刃有餘地處理相關事務，以最理想的方式將成功的機會最大化。

現在你應該感覺自己已準備就緒，就此展開你的區塊鏈創新之旅吧！

重點摘要

無論主要的決策者是誰，你都需要設法爭取他們支持你的願景，並讓他們滿懷期待，想要深入研究區塊鏈或DLT能為你的公司帶來什麼新的機會。

以下步驟可協助你在簡報中展現絕佳的說服力：

1. **事前準備：**提前識別出重要的決策者並與他們見面。
2. **針對聽眾採用適當的方式：**雖然精采的簡報看起來就很不錯，但有沒有更具創意的方法可以解釋你想達成的目標？
3. **建構願景：**讓聽眾認同你的願景。
4. **解釋為何現在是絕佳時機：**展示已在業界如火如荼上演的所有活動。
5. **主動回應基本疑問或說明需要哪些資源：**需要多少成本、多少時間，以及會為企業帶來什麼影響。
6. **破除常見迷思：**消除對區塊鏈的錯誤觀念。
7. **說明如何實現願景：**清楚交代後續流程。
8. **維持動能：**在聽眾清楚回應你的提案之前，持續維持他們對計畫的關注。

結語

恭喜你成功讀到了這裡。希望書中涵蓋的內容能為你帶來啟發，而你也能體會為何我如此興致高昂，一心只想和你分享這些想法。

踏上第一章所述的旅程後，你知道自己需要DeFi領域的哪種去中心化應用程式，不僅理解比特幣和以太坊為目前大部分的區塊鏈和DLT應用奠定了多少基礎，也明白日後的發展方向，以及未來可能實現的所有迷人願景。下次談到區塊鏈，有人詢問你的意見時，你應該可以滿懷自信地提供些許背景脈絡，除了指出這個領域能夠備受關注確實有其道理，還能分享這項技術能實際以哪些方式為你的產業創造優勢。

初步介紹區塊鏈在這世界的定位後，第二章進一步鞏固你對區塊鏈的宏觀認知。在第二章中，我具體說明了組織採用區塊鏈的方法，就是先設想自己身在運用區塊鏈的平行宇宙，由內而外徹底反思組織的狀況，理解這項技術可帶你走向怎樣的未來。實務工作以「探索」階段揭開序幕，接著進入「設計」和「部署」，將概念化為實際可支援客戶的平台。

想優先其他預設的目標追求區塊鏈創造的機會，的確會是棘手的挑戰，不過第三章已協助你理解為何現在是採取行動的適當時機，雖然過程中可能遭遇一些阻礙，但並非無法克服，尤其瞭解只要保守投入，就有可能獲得潛在的回報，再多困難都可設法排除。

我試著確保本書內容不僅與現在的情勢密切相關，也適用於多年後的未來。除了案例研究所探討的技術，以及比特幣和以太坊等基礎網路之外，我在書中刻意避免討論任何企業平台或更新的區塊鏈通訊協定，因為這個領域的發展快速，日新月異。

Web3 Labs與其他幾個平台和通訊協定攜手合作，夥伴名單隨著產業發展時時刻刻都在變動。如果你在區塊鏈的旅程上選擇和我們締結合作關係，我們會為你提供思維和專業能力上的協助，確保你儘快步上正軌，不必費神評估好幾十個、甚至上百個不同的平台。

平心而論，在我寫這本書時，區塊鏈技術的重大應用（例如加密貨幣、代幣、DeFi、NFT和企業區塊鏈）已獲得不少關注。我花了很多時間思考哪件事會成為下一波趨勢，而我可以很有信心地說，去中心化身分領域目前的所有發展可能會在接下來的幾個月到幾年間產生無遠弗屆的影響，消除現階段對第三方服務的依賴，使用者將不必淪為這些公司的產品。

除此之外，第一章概要提到DAO時側重歷史發展脈絡，但我相信，只要有適當的安全措施，DAO獲得大規模採用遲早會成為事實。能夠打造自有一套規則和治理機制的去中心化應用程式，為特定的企業或目的提供服務，是多麼美好的事。查爾斯·史特洛斯（Charles Stross）在著作《漸快》（*Accelerando*）[93]中生動（儘管有點反烏托邦）描繪了透過程式碼執行業務所能建構的未來。

我只概略描述了區塊鏈和DLT的發展可能，以及你能利用這種技術如何創新。雖然書中所述的「探索」、「設計」和「部署」階段能為此築起實行框架，但本書的篇幅有限，還有許多資料無法全數放入，畢竟比起完成一部收在書架上積灰塵的曠世巨作，我還是比較希望寫一本你能看完的書。

後續

我鼓勵你現在就採取具體行動，以免獲得的新智慧和知識白白浪費。

自我評比

如果你準備長期付出努力，在組織中採用區塊鏈，我們的網站上有一份評分卡可以下載，供你評估自家企業潛在的機會：www.web3labs.com/innovators。

評論本書

如果你喜歡這本書，能在Amazon、Goodreads或部落格上寫點評論的話，我會相當感激。如果你寫了，歡迎不吝將評論的詳細資料寄到innovators@web3labs.com，我們會送你我們親自創造的獨家「區塊鏈創新人才」NFT。

訂閱內容

我每週固定發布電子報「Conor on Web3」，針對區塊鏈和不斷演進的Web3現況等主題發表意見，如果你想定期接收主流的產業觀點，可透過我的Twitter帳號個人檔案或http://writing.conorsvensson.com註冊電子報。

如果想看點區塊鏈領域佼佼者的有趣對談（許多都是以企業為出發點），可到https://podcast.web3labs.com或各大podcast收聽平台訂閱我們的podcast「Web3 Innovators」。

你也可以訂閱Web3 Labs的YouTube頻道（www.youtube.com/c/web3labs），觀看Web3 Labs的影片和其他實用內容，包括講座。

取用免費資源

Web3 Labs網站提供一些免費的區塊鏈資源：https://www.web3labs.com/。

與我聯絡

我也時常在Twitter（@ConorSvensson）和LinkedIn上發表內容和意見。你可以透過這兩個平台和我互動。

最後的最後

記住，你必須保持開放的態度，才能在這項技術顛覆現狀之際坐收全部的好處。在此以偉大哲學家李小龍的名言與你共勉，期望你能謹記在心：「無法與時俱進只會自取滅亡[94]。」

相關資源

目前已有大量與加密貨幣和區塊鏈相關的內容可以參考。以下羅列我推薦的部分資源，幫助你深入瞭解這個領域，時時掌握最新發展。

Podcast

- Web3 Labs經營的podcast「Web3 Innovators」：https://podcast.web3labs.com。
- 列克斯．佛里曼（Lex Fridman）與加密貨幣和區塊鏈領域幾位代表人物的訪問：https://lexfridman.com/podcast。
- Podcast「a16z」對加密貨幣和區塊鏈技術的卓越觀點：https://future.a16z.com/a16z-podcast。

影片

- 安德烈亞斯．安東諾普洛斯（Andreas M. Antonopoulos）在多場講座中針對比特幣和區塊鏈發表精湛內容，網路上都能觀看。我極力推薦你觀看《比特幣與即將發生的基礎設施反轉》（*Bitcoin and the Coming Infrastructure Inversion*）：www.youtube.com/watch?v=KXIaILHl7Rg。
- Real Vision Crypto是很棒的免費服務，許多加密貨幣和區塊鏈生態系中極具影響力人物的訪談內容都能在此找到：www.realvision.com/crypto。
- Web3 Labs的YouTube頻道提供各種內容，包括podcast和業界領導者在活動中的演講：www.youtube.com/c/web3labs。

新聞與觀點

主要來源：

- CoinDesk是最為人所知的加密貨幣和區塊鏈新聞網站：www.coindesk.com。
- 《富比士》的「加密貨幣與區塊鏈」（Crypto & Blockchain）是掌握業界

新聞和觀點的絕佳資訊來源，此外也發布幾份產業研究報告，包括每年揭曉「區塊鏈前五十強」榜單：www.forbes.com/crypto-blockchain。

- 世界經濟論壇（World Economic Forum）定期發布實用內容，針對區塊鏈發表的觀點具權威地位：www.weforum.org/agenda/archive/blockchain。
- 我每週發布的電子報「Conor on Web3」針對Web3分享深入見解和主流觀點：https://csvensson.substack.com/。

其他來源：

- The Defiant：https://thedefiant.io。
- Decrypt：https://decrypt.co。
- The Block：www.theblockcrypto.com。
- Cointelegraph：https://cointelegraph.com。

資料來源

- Etherscan是彙整以太坊概況的主要區塊鏈概覽網站，提供許多與該網路和加密貨幣有關的實用圖表：https://etherscan.io。

- CoinMarketCap是瞭解加密貨幣和區塊鏈專案市值的主要資訊來源，而根據經驗法則，市值越高，表示市場對專案的底層通訊協定越有信心：https://coinmarketcap.com。
- CoinGecko是另一個掌握市場指標的絕佳資訊來源，包括DeFi應用程式和通訊協定的統計資料都能在此查詢：www.coingecko.com。
- NonFungible提供非同質化代幣市場的統計資料：https://nonfungible.com。
- Amberdata提供機構等級的優質加密貨幣和DeFi市場資料服務：https://amberdata.io。

產業組織

- 企業以太坊聯盟制定以企業為主的以太坊標準：https://entethalliance.org。
- Hyperledger是企業區塊鏈的開源社群：www.hyperledger.org。
- 全球區塊鏈商業委員會的InterWork Alliance為建立於區塊鏈和DLT之上的企業制定標準：https://interwork.org和https://gbbcouncil.org。
- 去中心化身分基金會建立去中心化身分標準：https://identity.foundation。

- 歐盟區塊鏈展望台與論壇是歐洲執委會的一項計畫，旨在加速區塊鏈創新及區塊鏈生態系發展：www.eublockchainforum.eu。
- MOBI為運輸業建立區塊鏈標準：https://dlt.mobi。
- 雖然Climate Ledger Initiative本身並非產業組織，但的確充分利用了區塊鏈集結業界領導組織的心力，共同倡議氣候行動：www.climateledger.org。
- 《英國區塊鏈協會期刊》是一本專門探討區塊鏈的重要學術期刊：https://jbba.scholasticahq.com。

著作

這本書是由電影《社群網戰》（*The Social Network*）改編自《Facebook——性愛與金錢、天才與背叛交織的祕辛》（*The Accidental Billionaires*）一書的作者撰寫，記敘了早期的比特幣發展，以及包括溫克沃斯（Winklevoss）兄弟在內等全心投入幣圈的部分人士，饒富趣味值得一讀。

- 《比特幣富豪：洗錢、豪賭、黑市交易、一夕暴富，顛覆世界的加密貨幣致富秘辛》（*Bitcoin Billionaires: A true story of genius, betrayal, and redemption*，周玉文譯，高寶出版，二〇一九年），班・梅立克（Ben Mezrich）。

以下這本書的作者是推崇奧地利經濟學派的學者，認為比特幣提供了發展健全貨幣（sound money）的適當基礎。雖然書中的某些論述我並不贊同，但作者的確強而有力地說明了加密貨幣的幾項特質，解釋為何加密貨幣可以成為比法定貨幣更優異的價值載具。作者說明加密貨幣在儲存價值上的背景脈絡，並粗淺介紹貨幣經濟，因此我還是要把這本列入必讀書單，推薦給你。

- 《比特幣標準：中央銀行的去中心化替代方案》（*The Bitcoin Standard: The decentralized alternative to central banking*，吳國慶譯，碁峰出版，二〇一九年），賽費迪安・阿莫斯（Saifedean Ammous）。

以下這兩本是認識以太坊發展歷程和開發人員的好書，當初推動以太坊的許多人現在已繼續著手建立下文所列的第三代通訊協定。

- *Out of the Ether: The amazing story of Ethereum and the $55 million heist that almost destroyed it all*, Matthew MacAdam Leising (Wiley, 2021)。
- 《以太奇襲：一位19歲天才，一場數位與金融革命》（*The Infinite*

Machine: How an army of crypto-hackers is building the next internet with Ethereum，洪慧芳譯，早安財經出版，二〇二一年），卡密拉．盧索（Camila Russo）。

若想快速瞭解幣圈發生的幾起重大詐騙案件，以下這本是不錯的參考書籍。

- *Crypto Wars: Faked deaths, missing billions and industry disruption,* Erica Stanford (Kogan Page, 2021)

下面幾本從偏重技術面的角度概述目前主要的區塊鏈平台。

- *Mastering Bitcoin,* Andreas M. Antonopoulos (O'Reilly, 2nd edition, 2017)
- *Mastering Ethereum: Building smart contracts and DApps,* Andreas M. Antonopoulos and Gavin Wood (Wiley, 2018)
- *Mastering Blockchain,* 3rd edition, Imran Bashir (Packt Publishing, 2020)

區塊鏈平台與技術

這個領域的變遷速度令人詫異，只要過個幾年，情況就與現在相去甚遠，不可同日而語。儘管如此，我相信瞭解幾項專案和技術的現狀，還是相當值得。

通訊協定

比特幣和以太坊的專案首頁都提供大量資源，可供你深入瞭解更多資訊，網址如下：

- 比特幣：https://bitcoin.org。
- 以太坊：https://ethereum.org。

雖然不像比特幣和以太坊那麼熱門，還是有多種其他區塊鏈通訊協定（通常稱為第三代區塊鏈平台）備受矚目，並有社群提供相關支援。在我撰寫本書期間，幾個主要的區塊鏈包括：

- 卡達諾（Cardano）：https://cardano.org。
- 波卡（Polkadot）：https://polkadot.network。
- 幣安智能鏈（Binance Smart Chain）：www.binance.org/en/smartChain。
- 索拉納（Solana）：https://solana.com。
- 雪崩協議（Avalanche）：www.avax.network。
- 哈希圖（Hedera，雖然採用的是有向無環圖〔directed acyclic graph〕這類型的DLT，而非區塊鏈）：https://hedera.com。

也有通訊協定以擴充比特幣和以太坊網路的容量為主要目的。我撰寫本書期間，這類型的主要通訊協定如下：

- 閃電網路（Lightning Network）：https://lightning.network。
- 樂觀（Optimism）：https://optimism.io。
- 多邊形（Polygon）：https://polygon.technology。

以下專案鎖定特定問題嘗試解決，因而聲名大噪：

- 文件幣（Filecoin）以IPFS為基礎建立去中心化儲存網路：https://filecoin.io。
- 門羅幣（Monero）和大零幣（Zcash）是保護隱私的加密貨幣：www.getmonero.org和https://z.cash。

區塊鏈之間普遍達到互通相容的目標依然不變，以下就是幾個專門以此為目標的主要專案：

- Cosmos：https://cosmos.network。
- ICON：https://iconrepublic.org。
- 萬維鏈（Wanchain）：www.wanchain.org。

稍早前出現過的「波卡」也屬於這個類別。

企業區塊鏈平台

如果是許可制的私人聯盟網路，主要的平台有：

- ConsenSys Quorum（最早由摩根大通創立）：https://consensys.net/quorum/。
- IBM的Hyperledger Fabric：www.hyperledger.org/use/fabric。
- R3的Corda：www.r3.com/corda-platform。

Baseline Protocol使用公有以太坊網路儲存與企業工作流程相關的事件證明和系統記錄，也是知名平台：www.baseline-protocol.org。

去中心化平台與應用程式

- Uniswap是以太坊上最多人使用的DEX：https://uniswap.org。
- Aave是知名的去中心化借貸平台：https://aave.com。
- Circle的USDC和Tether的泰達幣（USDT）是和美元一比一錨定價值的主要穩定幣：www.circle.com/en/usdc和https://tether.to。
- OpenSea是最大的NFT交易市場：https://opensea.io。

術語表

如同任何新產業或技術，區塊鏈領域也使用大量詞彙和縮寫來描述許多創新之舉。以下羅列許多你可能遇到的常見術語，其中有些已在這本書中討論過，其餘術語一併檢附如下。

Bitcoin（比特幣）：第一個去中心化數位貨幣。

Blockchain（區塊鏈）：將交易集結成區塊的去中心化帳本技術，各區塊間以安全加密的方式相互連結，由網路中的所有參與者共用。

BTC：比特幣代碼。

Consensus algorithm（共識演算法）：網路中，參與節點之間透過網路達成共識的機制。

DApp（Decentralized Application，去中心化應用程式）：在區塊鏈或DLT上運作的去中心化應用程式，通常是以智慧合約來定義。

DEX（Decentralised exchange，去中心化交易所）：使用者可在這類交易所使用代幣進行交易，不必由中介機構居中協助。

DeFi（Decentralised finance，去中心化金融）：建構於公有鏈（例如以太坊）之上所有去中心化應用程式所形成的生態系，舉凡穩定幣、去中心化借貸、保險、交易所均屬於此一範疇。

DID（Decentralised identifier，去中心化身分識別碼）：可供驗證的去中心化身分識別碼，與採集中控管方式的服務商脫勾。

Digital twin（數位分身）：真實世界資產在數位平台上的虛擬呈現。

DLT（Distributed ledger technology，分散式帳本技術）：分散於網路上多個節點的記錄系統，交易記錄由網路中的參與者共用。

EIP：以太坊改良提案（Ethereum improvement proposal）的縮寫。

Elliptic curve（橢圓曲線）：一種數學曲線，公鑰加密技術的基礎。

ERC：以太坊意見徵求稿（Ethereum request for comments）的縮寫，是以

太坊關於開發者協議的規範與合約標準。

ERC-20：以太坊同質化代幣智能合約標準協議。

ERC-721：以太坊非同質化代幣智能合約標準協議。

ETH：以太幣代碼。

Ethereum（以太坊）：執行智慧合約和去中心化應用程式的區塊鏈平台。

Fungible token（同質化代幣）：能與其他代幣相互替換的代幣。

Gas（燃料）：在以太坊區塊鏈上執行區塊鏈交易所需支付的費用。

Hard fork（硬分叉）：區塊鏈通訊協定的破壞性變動。

ICO（Initial coin offering，首次代幣發行）：為某一區塊鏈通訊協定或專案募資的公開代幣銷售。投資人挹注加密貨幣到智慧合約，取得代幣，等到新專案或通訊協定建置完成後，即可使用。

IDO（Initial DEX offering，首次DEX發行）：透過去中心化交易所銷售代幣，為專案募資。

IEO（Initial exchange offering，首次交易所發行）：透過中心化交易所銷售代幣，為專案募資。

IPFS：星際檔案系統（Interplanetary Filesystem）的縮寫，這是一種去中心化檔案儲存網路。

Launchpad：以投資池加速ＩＤＯ的平台。

Layer 1 protocol（第一層通訊協定）：底層的區塊鏈網路通訊協定。

Layer 2 protocol（第二層通訊協定）：疊加於底層通訊協定之上的網路，功用通常是擴充規模或保護隱私。

ＮＦＴ（Non-fungible token，非同質化代幣）：無法與其他代幣相互替代的代幣，代表某數位或實體資產無法複製的獨有屬性。

Off-chain governance（鏈下治理）：在較傳統的管道做決策，而非在區塊鏈上執行。

On-chain governance（鏈上治理）：區塊鏈通訊協定的決策程序在相關的區塊鏈上完成，由參與者透過智慧合約投票，產生決策。

Peer-to-peer network（點對點網路）：資源平均分散的去中心化網路，諸如處理能力和儲存空間等資源平均分散到網路中的各部電腦（即網路成員）。

ＰｏＳ（Proof of stake，權益證明）：這種共識演算法依據礦工持有的加密貨幣，決定礦工可驗證交易並獲得網路獎勵的頻率。他們願意抵押在網路中的權益（加密貨幣價值）越高，報酬越高。萬一出現違規行為，則會面臨懲罰，持有的權益將依比例減少。

PoW（Proof of work，工作量證明）：這種共識演算法仰賴運算能力破解複雜的數學難題。這些題目能否破解需仰賴機率，因此使用的運算資源越多，成功的機會越大。在採取PoW共識機制的區塊鏈網路中，礦工之間不斷爭相破解題目，選擇下一個要加入區塊鏈的交易群組（或稱為區塊）。礦工找到題目的解答後，就能獲得加密貨幣獎勵。總之，礦工投入越多運算資源和電力進行運算，越有機會破解題目並獲取獎勵。這種共識機制的運作過程耗費大量電力，是最為人詬病的一大缺點。

Public key cryptography（公鑰加密）：一種加密技術，使用者以私鑰加密訊息，只能使用相應的公鑰解密。

Security token（證券型代幣）：在相關專案中代表金融價值的代幣。

STO（Security token offering，證券型代幣發行）：向投資人發行證券型代幣，通常是以私人代幣銷售的形式進行。

Smart contract（智慧合約）：撰寫去中心化應用程式所使用的程式碼，完成後即可在區塊鏈上執行。

Soft fork（軟分叉）：區塊鏈通訊協定發生可反向相容的變化。

Token economics（代幣經濟學）：在區塊鏈和加密貨幣生態系中創造價值會牽涉多種經濟要素和機制，而研究其中學問的一切統稱為代幣經濟學。

Utility token（功能型代幣）：在區塊鏈網路或專案中為使用者提供某種功用的代幣。

Verified credential（已驗證憑證）：已經由第三方驗證的憑證。

Yield farming（流動性挖礦）：在DeFi平台上出借加密資產，以賺取收益的過程。

Zero-knowledge proof（零知識證明）：一種加密證明，當事方不必出示其對「瞭解價值」此一事實之外的任何額外資訊，即可向另一方證明其確實知悉某物的價值。

註解

1. 根據世界黃金協會（www.gold.org/goldhub/data/above-ground-stocks）的預估，人類至今已開採二〇一二九六公噸黃金，若以每盎司一八〇〇美元的即期價格計算，市場規模可達一一五九四六四九六〇〇〇〇〇美元，亦即大約一一・六兆美元。
2. www.reuters.com/technology/nft-sales-volume-surges-25-bln-2021-first-half-2021-07-05。
3. https://defipulse.com。統計至二〇二一年九月。
4. www.gartner.com/en/doc/3855708-digital-disruption-profile-blockchains-radical-promise-spans-business-and-society。
5. 以大寫B開頭的「Bitcoin」代表比特幣通訊協定、網路和社群。若要指同名的加密貨幣，則使用小寫b開頭的「bitcoin」來稱呼。
6. Google的驗證服務在二〇二〇年底故障，導致大多數使用者無法正常使用Google、Gmail和YouTube等服務（www.theguardian.com/technology/2020/dec/14/google-suffers-worldwide-outage-with-gmail-youtube-and-other-services-down）。
7. www.cnbc.com/2021/01/08/apples-app-store-had-gross-sales-around-64-billion-in-2020.html。
8. 有些社群認為，這份白皮書應該是多人合作的結晶，並非出於一人之手。
9. Satoshi Nakamoto, 'Bitcoin: A Peer-to-Peer Electronic Cash System' (2008)，www.ussc.gov/sites/default/files/pdf/training/annual-national-training-seminar/2018/Emerging_Tech_Bitcoin_

Crypto.pdf。

10. 請參閱https://ethereum.org/en/whitepaper。

11. 在電腦科學領域，一般用途的電腦通常都具備「圖靈完整」（Turing Complete）的特性。

12. www.apple.com/uk/newsroom/2020/06/apples-app-store-ecosystem-facilitated-over-half-a-trillion-dollars-in-commerce-in-2019。

13. 姑且撇除二〇二一年的加密貨幣狂熱不論。

14. www.uprr.com/aboutup/history/lincoln/nation_trans/index.shtml。

15. 如需更多背景資訊，請參閱：www.infoq.com/news/2017/04/blockchain-cap-theorem。

16. 如同股票一樣，加密貨幣也會以代碼表示，例如比特幣為BTC，以太幣為ETH。如果你想在Twitter上搜尋討論這些加密貨幣的推文，可在搜尋時在代碼前面加上貨幣符號，例如「$BTC」和「$ETH」。

17. 各個網路發放費用的確切方式不盡相同。舉例來說，以太坊最近開始銷毀（或稱為燃燒）一部分的費用，以確保使用網路的手續費不會劇烈波動。如需詳細資訊，請參閱：https://github.com/ethereum/EIPs/blob/master/EIPS/eip-1559.md。

18. 市場資本規模於二〇二一年第二季達到顛峰，之後便大幅減少。然而在我撰寫本書之際，比特幣和以太坊的市場資本仍分別超過五億美元和兩億美元（資料來源：https://coinmarketcap.com/coins）。

19. 嚴格來說，這應該稱為代幣。

20. 請參閱https://ipfs.io。

21. 請參閱https://filecoin.io。

22. 若想深入探究私有鏈技術，建議你參閱以下部落格文章：https://blog.web31labs.com/blockchain-technology-considerations。

23. 事實上，能夠自行創造貨幣的功能是促成以太坊的助力之一。以太坊的創辦人維塔利克・布特林曾嘗試在比特幣網路上創造「彩色幣」，但遇到瓶頸。請參閱：Matthew MacAdam

Leising, *Out of the Ether: The amazing story of Ethereum and the $55 million heist that almost destroyed it all* (Wiley, 2021)。

24. https://eips.ethereum.org/EIPS/eip-20。
25. 雖然以太坊社群的作法影響了ＩＣＯ概念，但在以太坊的例子中，這個方法稱為「以太坊眾籌」。
26. https://twitter.com/bramcohen/status/1075906372707860480?lang=en。
27. 如需更詳細的初步介紹，請參閱https://coinmarketcap.com/alexandria/article/a-deep-dive-into-tokenization。
28. www.forbes.com/sites/haileylennon/2021/01/19/the-false-narrative-of-bitcoins-role-in-illicit-activity。
29. 更多資訊請參閱：Matthew MacAdam Leising, *Out of the Ether: The amazing story of Ethereum and the $55 million heist that almost destroyed it all* (Wiley, 2021)及https://en.wikipedia.org/wiki/The_DAO_(organization)。
30. 文中交替使用以太坊和以太坊網路，兩者指涉的對象相同。
31. 請參閱https://eips.ethereum.org/EIPS/eip-721。
32. 請參閱www.cryptokitties.co。
33. www.circle.com/en/usdc。
34. 全球監管機構已注意到這種應用缺少規範，有朝一日這套機制勢必會改變。
35. 有興趣瞭解的讀者，建議可參閱這個做得很棒的入門網頁（https://hackingdistributed.com/2020/03/11/flash-loans），認識投機客獲取暴利的幾種手段。
36. 'Top 100 DeFi Coins by Market Capitalization', Coingecko.com（二〇二一年一一月一四日），網址為www.coingecko.com/en/defi。經授權轉載。
37. 網站https://haveibeenpwned.com提供出色的通知服務，能告知你資料外流事件及對你造成的影響。

38. 例如歐洲有六個國家簽署並頒行eIDAS規章，請參閱https://digital-strategy.ec.europa.eu/en/news/national-eids-six-countries-available-eu-citizens-use-cross-border。
39. 我很期待有人能提出這個問題的解方，有效制止惡意人士取得我們的電子信箱，並且無法擅自把我們加入任何郵寄名單。這必定能為全世界的人省下數十億個小時，我們就不必再浪費時間處理這些鳥事，但這是另一個主題了，留待日後探討。
40. 請參閱www.w3.org/TR/did-core。
41. Drummond Reed, 'Decentralized Identifiers (DIDs): The Fundamental Building Block of Self-Sovereign Identity (SSI)' (Slideshare, 2018), available at www.slideshare.net/SSIMeetup/decentralized-identifiers-dids-the-fundamental-building-block-of-selfsovereign-identity-ssi. Reproduced under CC BY-SA 4.0, https://creativecommons.org/licenses/by-sa/4.0
42. www.officialdata.org/us/inflation/1800?amount=1。
43. https://en.wikipedia.org/wiki/Generation_Z#/media/File:Generation_timeline.svg。
44. Matthew Walker, *Why We Sleep* (Penguin Books, 2018)。
45. 有部影片（www.youtube.com/watch?v=YHjYt6Jm5j8）透過搞笑的手法探討比特幣。
46. Yorke Rhodes at Enterprise Ethereum Alliance Virtual Meetup, July 2021, www.youtube.com/watch?v=lVzNVNfZlDY。
47. 請參閱www.cio.gov/policies-and-priorities/evidence-based-policymaking。
48. Naseem Naqvi and Mureed Hussain, 'Evidence- Based Blockchain: Findings from a Global Study of Blockchain Projects and Start-up Companies', p6, *The JBBA*, 1 September 2020, available at https://doi.org/10.31585/jbba-3-2-(8)2020。經授權轉載。
49. 請參閱https://doaj.org。
50. 請參閱www.ssrn.com。
51. Naseem Naqvi and Mureed Hussain, 'Evidence- Based Blockchain: Findings from a Global Study of Blockchain Projects and Start-up Companies', p6–8, The JBBA, 1 September 2020,

available at https:// doi.org/10.31585/jbba-3-2-(8)2020. Reproduced with permission.

52. 請參閱https://docs.baseline-protocol.org。

53. 更多背景資訊請參閱Eric Ries, *The Lean Startup: How today's entrepreneurs use continuous innovation to create radically successful businesses* (New York: Crown Business, 2011)。

54. 請參閱www.scaledagileframework.com。

55. Hubspot針對上市策略提供了一些很棒的參考資源，網址為：https://blog.hubspot.com/sales/gtm-strategy。

56. 以下文章的「平台部署」（Platform Deployment）一節介紹幾個可考慮的選項：https://blog.web3labs.com/how-to-choose-the-right-blockchain-development-team。

57. https://unstats.un.org/wiki/display/InteropGuide/Introduction；www.climateledger.org/resources/CLI_Report_2020_state-and-trends.pdf。

58. 請參閱https://iconrepublic.org。

59. X.509是廣為公認的公鑰憑證標準。

60. 以下文章的「安全性」（Security）一節便探討目前可取得的幾種加密金鑰管理技術：https://blog.web3labs.com/how-to-choose-the-right-blockchain-development-team。

61. 有關以太坊平台代理的實用說明，可參閱這篇部落格文章：https://blog.openzeppelin.com/proxy-patterns。

62. 以下清單整理了備受關注的服務中斷事件與其肇因：https://github.com/danluu/post-mortems。

63. 比特幣網路曾發生兩次服務停擺，一次在二〇一〇年，另一次在二〇一三年。以太坊網路從上線以來從未中斷。

64. 這種情況真實發生於二〇二〇年十一月，當時許多人使用的以太坊基礎設施服務商Infura便發生嚴重的服務中斷事件。請參閱www.theblockcrypto.com/post/84232/ethereum-infrastructure-provider-infura-is-down。

65. 有些ＤＬＴ並非區塊鏈（例如Ｒ３的Corda技術），採取與傳統區塊鏈（像以太坊）不同的方式保護隱私。不過，以太坊的變體（例如ConsenSys的Quorum）會額外提供自家的隱私機制。
66. 請參閱https://hbr.org/2016/11/why-diverse-teams-are-smarter。
67. 這類題目在運算上極具難度，需憑藉顯示卡的龐大運算力產生隨機數字，在設定的範圍內找到數學函數的解。找到解之後，其他電腦就能輕易驗證。
68. 歡迎參考我為雪梨以太坊社群製作的簡報（www.slideshare.net/ConorSvensson/ether-mining-101-v2），內容主要是介紹如何組裝挖礦設備，那時的以太幣僅僅只有十五美元。
69. Ramesh Ramadoss, 'The Role of the IWA in the Standardization Landscape', InterWork Alliance (no date)，https://interwork.org/the-role-of-the-iwa-in-the-standardization-landscape。
70. 這套規格請參見https:// entethalliance.org/technical-specifications。
71. 如需更詳細的討論，建議你參閱世界經濟論壇對於聯盟成形的精采簡介，網址為：https://widgets.weforum.org/blockchain-toolkit/consortium-formation/index.html。
72. 請參閱Clayton Christensen, *The Innovator's Dilemma: When new technologies cause great firms to fail* (Boston, Mass: Harvard Business School Press, 1997)。
73. www.reutersevents.com/supplychain/technology/tesla-market-cap-surpasses-next-five-largest-automotive-companies-combined。
74. https://en.wikipedia.org/wiki/General_Motors_EV1。
75. 如果你需要更多資源輔助，以瞭解為何擬定創新策略如此重要，以下這篇刊登在《哈佛商業評論》（Harvard Business Review）的文章相當精闢，值得一讀：https://hbr.org/2015/06/you-need-an-innovation-strategy。
76. 請參閱Tim Wu, *The Master Switch: The rise and fall of information empires* (New York: A.A. Knopf, 2011)。
77. 請參閱https://github.com/web3j/web3j-quorum。

78. www.nasdaq.com/articles/can-bitcoin-grow-faster-than-the-internet-2021-05-07。
79. Raoul Pal (@RaoulGMI), 'This concept in crypto can be best represented…' (24 May 2021), https://twitter.com/RaoulGMI/status/1396837073202532357/photo/1。經授權轉載。
80. 勞爾・帕爾（Raoul Pal）的這部影片從宏觀角度述說網路效應如何帶動區塊鏈的價值不斷攀升：www.realvision.com/shows/expert-view-crypto/videos/the-exponential-age-cryptos-fast-and-furious-rise。
81. 使用每一以太幣兌換兩千美元的保守匯率估算而得，在最近的這波漲勢中，以太幣單價已超過四千美元。（編註：此為二〇二一年的匯率）
82. 梅特卡夫定律原本是針對電信網路所提出，但至今已應用於傳真機、全球資訊網和社群媒體。若要深入瞭解，可參閱https://en.wikipedia.org/wiki/Metcalfe%27s_law。
83. https://defirate.com/usdc。在我寫這本書的此時，Aave和BlockFi等主要平台提供這樣的收益水準。
84. 請參見www.christies.com/features/Monumental-collage-by-Beeple-is-first-purely-digital-artwork-NFT-to-come-to-auction-11510-7.aspx。
85. 請參閱www.linkedin.com/business/learning/blog/learning-and-development/most-in-demand-skills-2020。
86. 請參閱https://github.com/ConsenSys/constellation/commits?author=conor10。
87. 請參閱https://hbr.org/2011/03/the-big-idea-the-new-ma-playbook。
88. Bloomberg引述自CB Insights的數據，可參考以下報導：https://cointelegraph.com/news/vc-funds-bullish-on-crypto-increase-investment-in-blockchain-startups。
89. 請參閱https://blog.web3labs.com/how-to-create-an-awesome-developer-experience-for-corda和www.r3.com/videos/creating-an-awesome-developer-experience-on-corda-web3-labs。
90. www.bbc.co.uk/news/av/technology-43026143。
91. 二〇二一年榜單請見：www.forbes.com/sites/michaeldelcastillo/2021/02/02/blockchain-

50/?sh=30608899231c。

92. 請參閱https://blog.web3labs.com和https://podcast.web3labs.com。

93. Charles Stross, *Accelerando* (New York: Ace Books, 2005)。

94. Bruce Lee, *Striking Thoughts* (Tuttle Publishing, 2002)。

95. 請參閱www.skylarks.charity/page/send-advice-service。

致謝

首先也最重要的是，我要感謝我很棒的老婆蕾拉（Leyla）和小孩，他們是我這一生所有成就的根基。我的父母、兄弟姊妹以及歐迪亞（O'Dea）和史文森（Svensson）家族，能與他們成為家人，是我這輩子莫大的幸運。

Web3 Labs的每一份子與我一起歷經了各種起伏跌宕，疫情為我們的事業帶來了全新挑戰，但我們最終挺過來了，如今已成為更堅強的陣容。

我要特別感謝南西（Nancy）掌管Web3 Labs的一切，使眾多事務都能順利運作，同時也在各方面支援我的工作，說是幕後功臣一點都不為過。

身為愛書人，累積能力為書壇貢獻一己之力，一直是我很想做的事。我要感謝丹尼爾・普里斯特利（Daniel Priestley）和丹特（Dent）的敦促，這個願望才能成真。此外也要謝謝露西・麥卡拉赫（Lucy McCarraher）和喬・格里高利（Joe

Gregory）用心擬定這本書的架構，在我竭力應付事業日漸成長的需求和照料幼小的子女而忙得不可開交之際，這樣的幫助對我而言異常珍貴。

我想感謝幫我看初稿的哈利・溫斯坦（Harry Winstain）、艾力克斯・班克斯（Alex Banks）、瑪莉安娜・戈梅茲・德・拉・薇拉（Mariana Gomez de la Villa）、克里斯汀・菲爾德（Christian Felde）和穆罕默德・艾爾沙密（Mohamed Elshami），他們花了大把時間閱讀，並提供詳盡的意見回饋和觀點，協助我精煉這本書的內容，感激不盡。

感謝拉烏爾・帕爾（Raoul Pal）答應幫這本書寫序，還有康納・歐迪亞（Conor O’Dea）熱心引薦。我詢問意願的那段時間，適逢Real Vision準備結束C輪融資，所以我相當感謝帕爾願意撥出寶貴時間。

最後要感謝過去這些年來，我們有幸合作的每一個人。是這些合作機會讓我們可以打造自己引以為傲的解決方案，並展現我們從中學習的成果。另外也要謝謝曾使用Web3j的每一個人，能和程式庫的使用者和愛用者交流互動，永遠都是很棒的經驗。

後記：神經多樣性

神經多樣性（neurodiversity）一詞為發展差異賦予正面的意義，以包容的態度看待神經發育上有所變異者的特質。在這個概念下，論及每個人的狀況時，「一體不適用」才是常態，每個人獨有的能力和神經發育差異都值得獲得肯定和讚揚。

長久以來與神經變異相關的負面文化意涵，在神經多樣性的脈絡之下均不成立。神經發育方面的差異不必尋求任何「治療」，反而是世人必須增進對這類差異（例如自閉症、閱讀障礙、動作協調障礙、癲癇）的認識，並重新建構我們的相關認知，因為這些現象只是人類基因的自然變異。雖然這個詞適用於多種神經多元現象，不過我主要是指在自閉症／亞斯伯格症候群這方面的應用。

遺憾的是，很多地方對神經多樣性的意識仍嫌不足，大部分教育機構缺乏所需資源和認知而無法為神經發展多元者提供最佳支援。

幾個知名的成功人士患有較輕微的自閉症（例如亞斯伯格症候群），將其轉化成卓越的工作能力，伊隆．馬斯克（Elon Musk）和丹．艾克洛德（Dan Ackroyd）就是兩個活生生的實例。然而，其他許多擁有相同困擾的一般人光是要融入社會就形同不可能的任務，困難重重。

各種阻礙不僅存在於教育體制、工作職場和居家生活，要讓神經發展多元者的父母或照護者擁有更健全的認知，瞭解可以從哪裡獲取所需的協助，也是一大挑戰。可惜的是，某些在神經多樣性方面遭逢嚴重考驗的孩子未能順利完成教育，他們的父母嘗試自立自強，但在扶養的過程中陷入困境而無法突破，不曉得其實有些支援管道可以善加運用。

每個人都是獨一無二的個體，這是眾所皆知的道理，但我們的社會中有太多地方都是對擅長考試、社交和團隊運動的人有利，不擅長這些事情的人則受到冷落。儘管社會大眾對不同種族、性別和肢體障礙的包容力日漸改善，願意給予當事人更多其應得的支持和接納，但如何更包容神經發展多元者仍未獲得大眾關注，而這需要許多人和組織重新檢討與神經發展多元者的互動和應對方式。社會面臨的挑戰在於，神經多樣性可能顯而易見，也可能細微到難以察覺。舉例來說，我們的許多社交互動都是建構於對事物認知的共同假設，而面對這些我們習以為常的假設，我們不能永遠視為理所當然。舉個簡單但深刻的例子：我們對說話語氣、臉部表情、各種細微差別的詮釋，可能無法如預期中傳達給講話的對象，使其完全明白你的意思。我們必須重新檢討現行的社交參與方式，這攸關神經發展多元者能否成功融入社會，希望如此能減少他們在過程中產生的不自在感，不必在社交中「掩飾」真實的自己。

就我個人而言，注意力不足過動症（ADHD）、閱讀障礙、動作協調障礙和自閉症類群狀況（autism spectrum condition）都是真實出現在我生活中的神經發育差異現象，對我的家庭造成直接影響。

正是這個原因，我深信支持可以正面協助神經發展多元者的相關計畫相當重要，因此，我從這本書獲得的所有稿費都將捐給Skylarks的特殊教育需求與身心障礙（Special Education Needs and Disabilities）諮詢服務[95]。這家慈善組織專為患有身心障礙及擁有額外需求的孩子舉辦活動和提供治療。

特殊教育需求與身心障礙諮詢服務為擁有特殊教育需求的孩子及其家長免費

提供無偏見的支援和資訊。這類孩子的家長在尋求額外的課堂支援時，時常面臨重重困難。這項服務可以為他們帶來截然不同的未來。孩子原本可能容易在教育現場引起混亂而無法正常接受教育，在該組織的協助下，孩童或青少年得以順利成長茁壯。我認為，許多社會問題追根究柢，都源自於當事人未能在成長初期獲得所需的支援，因此我能夠有能力支持這項免費服務，對我來說意義重大。

有了適當的支援後，隨著時代進步，我希望社會可以逐漸改變，讓各種形式的神經多樣性都能大放異彩。畢竟許多神經發展多元者帶著超乎常人的能力來到這世上，或許是他們與眾不同的視野、專長或熱愛的事物，甚或是喜悅、一心一意的做事態度和正面能量等簡單的事情，讓我們每個人都能從中受益。我堅信，擁抱神經多樣性必定能造福所有生命。

國家圖書館出版品預行編目（CIP）資料

區塊鏈創新實踐手冊：如何運用去中心化技術,建構企業轉型解決方案/康納.史文森(Conor Svensson)著；張簡守展譯. -- 初版. -- 臺北市：日出出版：大雁文化事業股份有限公司發行, 2023.07
304面；14.8×20.9公分
譯自：The blockchain innovator's handbook : a leader’s guide to understanding, adopting and succeeding with this disruptive technology
ISBN 978-626-7261-63-7(平裝)

1.CST: 電子商務 2.CST: 企業再造

490.29 112010139

區塊鏈創新實踐手冊
如何運用去中心化技術，建構企業轉型解決方案

The Blockchain Innovator's Handbook: A leader’s guide to understanding, adopting and succeeding with this disruptive technology

作　　者　康納・史文森 Conor Svensson
譯　　者　張簡守展
責任編輯　李明瑾
協力編輯　邱怡慈
封面設計　萬勝安
發 行 人　蘇拾平
總 編 輯　蘇拾平
副總編輯　王辰元
資深主編　夏于翔
主　　編　李明瑾
業　　務　王綬晨、邱紹溢
行　　銷　廖倚萱
出　　版　日出出版
地址：台北市復興北路333號11樓之4
電話（02）27182001　傳真：（02）27181258
發　　行　大雁文化事業股份有限公司
地址：台北市復興北路333號11樓之4
電話（02）27182001　傳真：（02）27181258
讀者服務信箱 E-mail:andbooks@andbooks.com.tw
劃撥帳號：19983379 戶名：大雁文化事業股份有限公司
初版一刷　2023年7月
定　　價　450元

I S B N　978-626-7261-63-7